爱上科学
Science

宇宙之旅

（图文版）

【英】Tom Jackson 著 魏晓凡 译

THE UNIVERSE
AN ILLUSTRATED
HISTORY
OF ASTRONOMY

人民邮电出版社
北京

图书在版编目（CIP）数据

宇宙之旅：图文版 /（英）汤姆·杰克逊
(Tom Jackson) 著；魏晓凡译. -- 2版. -- 北京：人
民邮电出版社，2016.7（2018.4 重印）
（爱上科学）
ISBN 978-7-115-42377-1

Ⅰ. ①宇… Ⅱ. ①汤… ②魏… Ⅲ. ①宇宙－普及读
物 Ⅳ. ①P159-49

中国版本图书馆CIP数据核字(2016)第107839号

版权声明

- ◆ 著　　　　［英］Tom Jackson
  译　　　　魏晓凡
  责任编辑　紫　镜
  执行编辑　魏勇俊
  责任印制　周昇亮
- ◆ 人民邮电出版社出版发行　　北京市丰台区成寿寺路 11 号
  邮编　100164　电子邮件　315@ptpress.com.cn
  网址　http://www.ptpress.com.cn
  北京市雅迪彩色印刷有限公司印刷
- ◆ 开本：889×1194　1/20
  印张：7　　　　　　　　　2016 年 7 月第 2 版
  字数：292 千字　　　　　　2018 年 4 月北京第 3 次印刷
  著作权合同登记号　图字：01-2013-4014 号

定价：59.00 元
读者服务热线：(010)81055339　印装质量热线：(010)81055316
反盗版热线：(010)81055315
广告经营许可证：京东工商广登字 20170147 号

内容提要

　　本书带你领略神秘的宇宙，全面地分析了宇宙的奥秘以及人类对宇宙的探索历程，包括宇宙的中心环境、地球周围的宇宙环境、重大星系的特点等，同时介绍了各个时期的人类对宇宙的认知发展。绚丽的宇宙图片，细致的文字分析，使读者更容易理解和接受。

Contents

目　录

前　言

　　天文学缘起于一些最根本的重大问题：我是谁？我来自何方？ 古今中外无数对自身存在进行追问的思索者们，都经常把灿烂的星星纳入答案之列。同样地，这些恒久地镶嵌在天幕中的微小亮点，还是人们占卜中预知未来的根据、大海上引导方向的航标，以及仰望上苍时测量宇宙的依凭。

这幅具有上千年历史的岩画表明，与其他地方的原始居民类似，美洲的原住民也对天上的事物充满了关注。

在公元后的第一个千年里，出现了"星盘"这种集钟表、地图、指南针和吉凶预言功能于一身的工具。从某种意义上说，它在当时的角色很像智能手机在今天的角色。

　　对天空的思索可以引发太多的想象。从数不清的哲学家、贤者和科学家的抽象思考成果中，我们可以给"人类对于宇宙的认识"勾勒出一些基本轮廓，不过依然有太多的东西我们并不清楚。我们目前还不可能飞到其他恒星附近去看一看，就连有幸摆脱重力的羁绊并从太空俯瞰地球的人，到目前为止也不超过 500 个。对于邻近我们的其他行星，迄今最清晰的一些外观细节也大多是透过望远镜的镜片取得的。不过，我们的宇宙观念还是一代代地流传演变：它的传承人从占星家逐渐变成航海家，后来又变成了科学家。

　　追问宇宙真谛的每一步，天文观念的历史长河中的每一朵浪花，都有着自己的故事。这本书精选了其中 100 个最富历史价值的故事，每个故事又都关系着一个重要的问题。在这些问题上的探索和发现，真正改变了人类对地球、星空和自身所依赖的这个宇宙的看法。

可测之物

　　对知识的探寻是个无尽的旅程，以证据作为支撑，以理解和领悟开路，追随着有可能成为理论的直觉，直至接近和确认一个又一个事实。每个新的待测对象都会揭示新的细节，最终接触到乃至改变着我们的世界观——我们是谁，我们在哪里，我们何去何从。

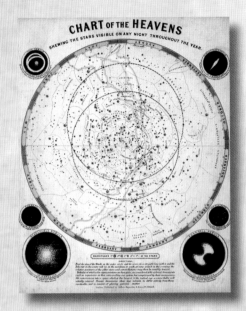

19世纪的工业发展催生了更为复杂的星图和更为廉价的望远镜，这让越来越多的业余爱好者得以从事天文研究。时至今日，仍有不少新天体是由业余的观星者首先发现的。

只要屏息凝神于晴朗夜空中的繁星，我们就不难理解为何远古的天文学中被灌注了许多与神性和魔力有关的内容。或许，人类编制第一份恒星目录的动机就是想更好地了解神的所作所为，以便预先知道未来会发生什么。同时，人类的另一种天性也很快在这种活动中发挥了作用，那就是对模式和形状的喜爱。从古墨西哥到中国古代，早期的天文学者们都把缓缓流转的漫天星星划分成了许多星座。

例外指引着方向

人们从认真记录下的数据中掌握了大部分星星的运行规律，然而还有少量星星"我行我素"，它们自然格外引人关注。在满天闪烁的小亮点中，这些"例外"（包括行星、彗星、新星〈即貌似新出现的恒星〉、云雾状的天体）为我们解答关于宇宙的许多神秘问题提供了第一条线索。

如今，我们已经很详细地了解了宇宙的发展史——至少我们自己是这么认为的。宇宙的广阔令人难以想象，在其中总能找到很多难以理解的现象，这些现象从古至今一次次地修改着我们心目中宇宙存在和演化的方式。现今的天文学，已经像其他很多科学门类一样，衍生出许多分支学科，例如：监测恒星内部振动的"星震学"，寻找适宜生物居住的遥远星球的"天文生物学"，还有思考着最为宏观的时空图景的"宇宙学"。尽管如此，目前天文学家仍然只能看到整个宇宙的大约 1/100，其他部分仍处于"黑暗"中——是的，"黑暗"这个词如此地恰当。我们真的不知道人类是否终能一览宇宙之全貌。

虽然当今的天文学家已经能够窥探更遥远、更古久的宇宙深处，但他们也在不断用新技术重新审视一些大家很熟悉的天体。这幅图展示了一次强度罕见的太阳风暴所释放出的紫外线（这个波段用肉眼无法看到）。其中，那个气泡状的扩散物意味着太阳在抛射物质，这一外观特征的尺度在几个小时内就增加到了太阳的两倍。

宇宙的尺度

宇宙无疑是巨大的，但它确切的大小更是超出了我们能想象的范围。通过把关于宇宙大小的一些数据写出来，或者绘制成图片，我们能够对宇宙的尺度有些基本的了解，不过，即使不谈寂寥渺远的宇宙空间，而是只拿一些极为稀疏地散布在这些空间中的巨大星球做对比，也足以让我们感到：人类的身体大小、我们印象中的人类活动空间和我们在宇宙中的位置，都微不足道得近乎虚无。

这幅图显示了太阳和它的各大行星及其主要卫星的直径比例，不过它们之间的距离以及它们到太阳的距离都无法按比例画出。

太阳

水星　金星　地球　火星　小行星带　木星　土星　天王星　海王星

天文领域中的长度

　　埃拉托色尼（Eratosthenes）是第一个用客观实证方式测量地球大小的人，他根据测量结果推算出的地球周长为 252 000 斯塔德（stadia），这个数字已经很接近实际值了。这里的"斯塔德"是古希腊的一种以田径场为标准的长度单位——埃拉托色尼住在亚历山大城，所以他笔下的 1 斯塔德就应该等于亚历山大城的那座田径运动场的长度。（你可能听说过这些田径场，运动员们在跑道上来回狂奔，有时是全副武装的，有时则是一丝不挂。）另外，英里（mile）虽然在当今很常用，但其实也是个古老的单位，它源于罗马军队行进 1000 步所走过的距离。不过，现今科学中的所有长度计量都基于另一个单位，那就是公制的"米"（meter），它最初被定义为从北极到赤道的距离的一千万分之一。不管是测量人类日常生活中的长度，还是测量地球的大小，这些单位就曾是有用的，甚至至今依然发挥着重大的作用。但是，对于天文尺度上的测量，这些单位就显得太小了：金星每到与地球最近的时候，距离也长达 420 亿米；月球离地球最近的时候也有 3.56 亿米。至于太阳和其他一些邻近的恒星，其距离用这些单位表示起来就更不易想象了。

太阳系之内

　　太阳系可以看作我们在宇宙中的小小家园。在表示太阳系之内的一些长度时，天文学家们喜欢使用"天文单位"（astronomical unit，缩写为 AU）。这个单位的意义很容易理解，它指的就是地球与太阳的平均距离，即大约 1.5 亿千米（9300 万英里）。所以我们离太阳有多少个天文单位呢？很明显，1 个。金星距地球最近时离我们 0.3 天文单位，火星距地球最近时离我们 0.5 天文单位，至于海王星，距地球最近时也有 30 个天文单位。不过这只是个开始。在各个方向上，太阳系的势力范围都至少超过海王星距离的 5000 倍。现在，天文单位也渐渐用得少了，因为除了太阳，离我们最近的恒星也在 268 305.24 天文单位之外。我们还需要更大的单位。

太阳系之外的任何地方

　　对于太阳系之外的宇宙深处，我们的全部认识，几乎都来自那里传来的光或者电磁波（包括无线电波、X 射线以及其他波段的类似信号）。其实光也是一种电磁波。电磁波的速度在真空中都是每小时 7 个天文单位多一点，或者说每秒钟 299 792 458 米。太阳之外离我们最近的恒星是半人马座（Centauri）的"比邻星"（Proxima），它发出的光传到我们这里需要 4.24 年，也就是说它与我们的距离是 4.24 光年。哈哈，"光年"（light-year）这个新单位不错。1 光年约合 63 000 天文单位（接近 10 万亿米）。目前我们观察到的宇宙最远处，无论哪个方向，都大约在 137 亿光年之外。或许有朝一日我们还需要一个更大的新单位。

太阳系

太阳发出的光线，传到地球约需 8 分钟（可以戏称为 "8 光分"），传到木星约需 40 分钟，传到海王星约需 4 小时（可以戏称为 "4 光时"）。以太阳为中心，太阳系的直径大约有 1 光年。

邻近的恒星

第 8 页提到的 "比邻星" 是颗暗弱的红矮星，属于半人马座 α 星系统的成员，离半人马座 α 星很近，与我们的距离则是 4.24 光年。离太阳最近的 15 颗恒星，距离都在 11 光年之内。

银河系

我们的太阳系位于银河系的 "猎户座旋臂"（Orion Arm）上，这条旋臂的宽度有 3 500 光年，而整个银河系的宽度有 10 万光年。

本星系群

这个星系群直径大约 1000 万光年，由包括银河系在内的 50 多个星系组成，在本星系群中银河系是第二大的星系。

室女座超星系团

本星系群与其他百余个星系群和星系团共同组成了这个直径超过 1.1 亿光年的 "超星系团"。

可观测范围内的宇宙

已经观测到的宇宙内，有数百万个超星系团，它们往往组成一些长达 5 亿光年的 "长城"，或者说物质链。根据我们已知的，宇宙至少诞生于 137 亿年之前，如果有比那更古老的光芒，目前也还没有到达我们这里。137 亿光年，是当前已知的宇宙最远处。宇宙不可能比这小，但完全可能比这大，只是我们还无法探知。

1

人类在"宇宙中心"时

为恒星而建的纪念碑

天文学史与人类自身的历史一样悠久。史前的先民们已经把当时暗夜里的点点星光归纳成了一些特定的图形，并绘制下来。从保存至今的大量图形来看，恒星之间的位置关系一直在缓慢地、令人敬畏地改变着。

人类的头脑很善于寻找模式，所以才能制定出通过伏击而猎获猛兽的计划，标绘出食物和水源所在的地点，判断出现在眼前的陌生人是盟友还是敌人。所以，早期的人类并不需要在想象力方面发生什么飞跃，也足以通过经年累月的观察，发现季节的变换和天体的周期性出现之间有紧密的联系，并将其纳入文化知识体系。天文学由此顺理成章地诞生。

巨石阵可以说是最富标志意义、最广为人知的纪念性史前建筑物（也要感谢近百年来的工程人员把巨石阵的一些部件平安放回原位）。关于这些竖立的巨石的真正用途，一直都有争议，有人猜它是一座能反射声音的竞技场，也有人说它是个医疗中心，不过"历法设施"这一猜测的证据最为丰富。这一历法以太阳的位置计日，夏至这天的旭日之光也会穿过它的石拱。

影子之蛇

羽蛇神殿（El Castillo）是墨西哥奇琴伊察的玛雅文明遗址中最主要的金字塔，是献给会飞的蛇神Kukulkan 的神殿，共有 365 级阶梯，显然象征每年的 365 天。在神殿北侧的台阶根部雕刻有蛇头图案，每当春分和秋分日，阳光就会在石阶上勾画出蛇形的影子，与蛇头图案一起显示蛇神 Kukulkan 下凡。

农业的兴起，让通过恒星来确定季节的技术变得极为重要。播种的时间如果太早或太晚，就可能造成减产，随之带来饥馑乃至死亡。测影的立杆显然不够高，深陷迷信之中的先民们需要做些能保证让上天的神力喜悦并眷顾他们的事情。由此我们不难理解那时的居民为何不惜花费数百万个工时来建造这些献给天神的石制纪念建筑，并且质量高得使它们足以保存至今。有些建筑，例如巨石阵可以让人准确地知道太阳在哪天通过了"分点"（昼夜等长，即春分与秋分），哪天通过了"至点"（白昼最长和最短，即夏至和冬至）。其他的建筑大都是搭建给神看的，以便与神保持良好的关系。埃及吉萨金字塔的正方形底座是参照四个方向精确测量过的，不过，由于罗盘的发明于金字塔之后 2500 年，所以当时的埃及测量员应该是利用群星为指向标，引导工人们把这些巨大的石头摆放就位的。

2 追随日与月

对太阳、月亮和特定亮星的位置变化所做的系统性记录，为第一份日历的诞生奠定了基础。早期的天文学家们由此更进一步，开始运用这些数据预测日月食之类的天象。

早在 4000 多年前，古埃及和古巴比伦的天文学家们就建立了长度约为 365 天的"年"的概念。当然，他们并未意识到一年大约是地球绕太阳运行一周的时间，古埃及人甚至不是以太阳，而是以天狼星（大犬座的最亮星）升起时刻的变化来建立"年"的概念的——每当天狼星在一天中的特定时刻升起，就意味着尼罗河每年一度的泛滥要开始了。

像"月"和"日"这样的其他历法单元，同样源于天文现象——月亮的盈亏周期决定了"月"，太阳的升落周期决定了"日"。中国古代、古巴比伦，或许还有其他一些古国的天文学家们对太阳和月亮运动位置的记录和追踪，都已经精确到了足以预报日食的程度。早期科学史上的重要人物泰勒斯（Thales of Miletus）就曾经预报了公元前 585 年的一次日食。据说，他这次成功的预报，还帮助希腊人和波斯人终止了一场已持续多年的恶战。

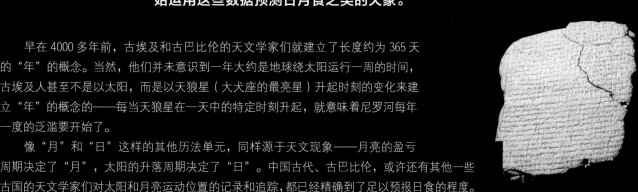

这块巴比伦泥板记载了公元前163 年出现的一颗彗星。后续研究表明，该彗星就是我们今天

3　把星星看作图案

人类把有关超自然力量、神迹的传说与故事，附会到遥俯尘世的星空之中，大概是个自然而然的做法。

星座，是人们把夜空中的群星联想成的一些图形，也是人类文化在星空里的一种投射。我们多多少少都听说过古希腊星座神话里的那些熊、狗、猎人和英雄，当代天文学家对星空的区域划分仍然以此为基础。天文学界对不同天区的标准称呼都是"某某星座"。当然，你自己眼中可能还有其他一些星空图案，但那不能叫作标准的星座。

同样的恒星，不同的故事

星座和创造它的文化之间有着强烈联系。要想认识这一点，最好以一个很著名的星座为例，那就是罗马人所说的"大熊"（Ursa Major）。在古希腊人眼里，这片天区的星星组成了一只巨大的熊的形象。（这附近的天区里还有另一只"熊"即小熊座，不过没有大熊座那么大。神话中，大熊和小熊本是一对母子，被天神宙斯的老婆赫拉因吃醋而变成了熊的外观。）不过，大熊座里的那七颗亮星后来又被看成是一只犁，而更晚一些的北美人则把它看成一只长柄的大勺子。

在古印度的梵文化中，大勺子的七颗亮星代表七位贤者，以吠陀梵语（Vedic）文献中一些重要人物的名字命名。《圣经·阿摩司书》里也提到过这七颗星。此外，在中国河南省濮阳市的一处 6000 年前的墓葬石雕中，也出现了"北斗七星"的图形。

银河的光芒，是由我们所在的银河系中数十亿颗遥远恒星的光群集而成的。

银汉迢迢

这条横贯夜空的淡白色光带，在欧洲的官方称呼为"牛奶路"（Milky Way），而东亚人称它为"银河"，印度人叫它"天上的恒河"，中东和非洲通常叫它"稻草路"，中亚则称呼它"鸟之道"。在当今城市夜空的强烈光害影响下，银河难得一见；即便是到了没有光害的野外，皎洁的满月也可能让银河遁形。不过，只要各项干扰因素都不在，银河就会非常壮观。古罗马人把银河叫作 via lactea，这个拉丁短语来自希腊文的 galaktikos kylos，意思是"乳白色的圆环"。这其实更接近银河的实质，因为我们看到的银河，其实是从太阳系的视角所见的、整个银河系的一部分，太阳系被包裹在银河盘面之内。当今英语的"星系"（galaxy）一词也正是源于上述的希腊文对银河的称呼。

这幅描绘了金牛座的"公牛"的图画是15世纪时从《恒星之书》(The Book of Fixed Stars)里复制出来的。此书由10世纪的阿拉伯天文学家阿尔·苏菲(Al Sufi)撰著,确立了古希腊的星座体系和阿拉伯科学家们的天文研究传统。

星标不输星座

严格地说,组成"大勺子"的七颗亮星并不是一个星座,但我们可以称它为一个"星标"(asterism),即一个并非星座的恒星图案。由于这个星标很容易识别,并且在北半球看到的北边天空中几乎长年不落,所以相当知名,而且经常被当作寻找北极星的"路标"——在离"勺柄"最远的那两颗星之间连线并朝"勺口"方向延长5倍,就是北极星。找到了北极星,就能辨明东西南北四个方向。业余天文爱好者、野外工作人员和有经验的海员都经常使用这个办法。

另一个著名的星标是"夏季大三角",圈起了天鹰、天琴、天鹅三个星座之间较为空旷的天区,其三个顶点分别是这三个星座里的最亮星(牛郎星、织女星、天津四)。这个概念约在20世纪20年代被提出,但直到50年代才依靠英国天文学家莫尔(Patrick Moore)而逐渐流行起来。莫尔在电视节目中向公众,特别是喜欢观星的人们介绍了这个星标,以帮助他们在夏秋之际寻找天体。每年的这个季节,北斗七星在前半夜落得比较低,较难观察,夏季大三角发挥了很强的补充作用。

星座的历史

古希腊星座中沿用至今的那部分,大约是在公元前4世纪逐渐定形的。我们可以不无证据地说,这些星座并不是突然凭空出现的。许多星座背后的故事的缘起都与迈锡尼文明(约公元前1000年)有关,绝大多数星座故事的结局是众神之王宙斯把故事中的角色擢升为星座,以此表彰其荣耀,或是借此将其从这样那样的苦难中拯救出来。猎户座是个壮丽的星座,而猎人奥利翁(Orion)的故事也是众多星座故事中很吸引人的一个。我们可以看到他带着两条猎犬(大犬座和小犬座),正与一只公牛(金牛座)对视,并脚踏着一只野兔(天兔座)。有个关于猎户座的传说是这样的:一位女神向猎人索要他的弓,猎人拒绝了,女神就派了一个盗贼去窃取那张弓,盗贼却失手杀死了猎人。这个传说艺术地解释了为什么猎户座每到春季就会完全隐没在地平线之下。另一个版本的传说是:奥利翁与女神阿尔忒弥斯交往,带她去打猎,此举惹怒了阿尔忒弥斯的哥哥——太阳神阿波罗,后者派毒蝎蜇死了奥利翁。毒蝎(天蝎座)和猎人(猎户座)之间有如此深仇大恨,自然各居天球一端,此升彼落,不会同时出现在夜空里。

古希腊的星座体系并未覆盖整个天球,南半天球的绝大部分在此是空白的——因为在当时希腊的天空里根本看不到这些天区。天文学家根据这些空白区域的分布认为,现在北半球熟知的星座体系应始于公元前1130年,当时的观察者必须在北纬33度附近,这差不多是美索不达米亚文明所生活的纬度。

这是写在皮纸上的玛雅古文献"德累斯顿抄本"(以它当今在德国的保存地点命名)中的一张,距今约800年,但其内容可能传承自更早几百年的时候。这套文献共有78张,其中许多都与天文数据有关,包括基于银河而构想出的星座——"世界树"(the World Tree)。

4 固定的星和移动的星

"黄道十二星座"（Zodiac）这个词恐怕是占星学色彩最浓重的天文名词了——占星学试图用各大行星的位置预测未来，是一种引发广泛争议和怀疑的学说。但是，撇开占星学的性质不谈，这个由 12 个希腊星座在天球上组成的大圆环确实成了研究星空的一大基础。

这个黏土圆盘出土于亚历山大城，约制作于公元前 1 世纪。盘上以十二个符号表示黄道十二星座，其中大部分符号与今天所用的一模一样。

我们当今使用的很多天文术语和概念都是从古希腊天文学家那里传下来的。在各种可能性上说，这些术语和概念都反映着更早期的一些观念——或是成于上古的希腊，或是定形于巴比伦文明。生活在公元前 4 世纪的欧多克索斯（Eudoxus）被认为是经典天文学知识体系的奠基人。他是柏拉图的助手，他整理出的北半球星座划分，大多至今仍被我们所用。当然，不难想象，当时中国、印度和其他古文明的天文学家们使用的是与此不同的星座划分方式。

会移动的星星

欧多克索斯在他对恒星的论述中，吸纳了"黄道带"这个来自巴比伦的概念。环绕天球一圈的这个带状区域，因包含有几颗异乎寻常的星星而备受瞩目——若以众星做背景，这几颗星星总是在改变位置。古希腊人称它们为"游星"（wanderer），今天我们则称它们"大行星"（planet）。需要注意的是，古希腊人说的 wanderer 除了包括水、金、火、木、土几颗大行星之外，也包括太阳和月亮，这是和今天 planet 概念的截然不同之处。

黄道带内的谜

月亮和各大行星无论如何移动，总不会离开天赤道太远（不超过 10 度），也就是在黄道带之内。在预言家和自然哲学家眼中，"游星"及其在黄道带内十二个星座中划过的路径，必然具有特别的意义。预言家试图把人的出生日期与 7 颗"游星"的移动轨迹联系起来，从而推断人的命运；哲学家则把黄道带内这些会动的天体看成一道谜题，它的谜底可以揭示地球在宇宙中的位置。

5 空中的诸神

日月和大行星游走于固定不变的星座背景之上，展现出一种自由的精神，于是便被更直接地与神祇联系起来。科学界称呼这些行星的惯例是使用它们的罗马名字，所以这些名字的神话背景也随之传承至今。

欧多克索斯或许知道数学家斐洛劳斯（Philolaus）关于星体运动的学说。斐洛劳斯认为地球围绕着"中央火"转圈，而太阳、月亮和大行星则有更大的轨道，但同样绕着"中央火"转圈。他认为那些彼此相对固定不动的星星都嵌在一个最外层的球壳上，而正是这个球壳使得九个天体（日、月、地、五大行星，还有"中央火"）保持永恒的运动。作为毕达哥拉斯（Pythagoras）学派的成员，斐洛劳斯显然认为"9"不够完善，而"10"才是代表完美无瑕的数字，所以他假定在地球与"中央火"的轨道之间还有一颗行星，处于永恒的被遮挡状态，所以其光芒是在地球上永远没法看到的。

罗马人把最亮也是最常被注意到的大行星——金星看作爱与生育之神维纳斯。她平息了火星（战神玛尔斯）的暴戾之气，并与玛尔斯生有一子丘比特（Cupid），即渴望之神。

神祇的工作

由此，太阳、月亮和五大行星都被视为神的化身，它们的移动正是神在忙于观察和干预人间事务的表现。所以，各大行星逐渐被与它们所代表的神的职能联系起来。水星是希腊神话中的墨丘利（Mercury），是个小伙子，也是神的信使，他跑起来特别快，在星空中也特别让人捉摸不定：今天傍晚还看得见，明天傍晚可能就消失了，过几天又可能突然在黎明出现。金星是大家熟知的爱神维纳斯（Venus），不过，古希腊人认为它是一对孪生星：当金星在傍晚率先出现时，它被叫作赫斯珀洛斯（即"昏星"，Hesperus）；当金星在黎明升起时，又被叫作佛斯佛洛斯（即"磷光"，Phosphorus），后来还被叫作露西法（即"持光者"，Lucifer），这又代表迥然不同的故事了。

火星（即"玛尔斯"，Mars）被希腊人称为阿瑞斯（Ares），呈现出躁动的红色，被认为是战神与农神。它对应的月份是3月，适合播种或出征（但两件事不能同时进行）。木星是主神宙斯的化身，也叫Jove，它移动较慢但速度稳定，故有宙斯那"众神之王"的风范。在许多民族的传说中，主神都是推翻了自己父亲的统治才得以继位的，而宙斯推翻的也正是自己的父亲——克洛诺斯（Cronos），即希腊人眼中的时间之神。老迈的克洛诺斯对应着土星这颗移动极慢的大行星。当然，故事并未就此终止，因为克洛诺斯当年也篡了自己父亲的位，他父亲是卡埃劳斯（Caelus），也就是乌拉诺斯（Uranus）。那么，这位更老的前任主神也应该也在宇宙中游走,而且走得更慢喽？历史后来给出了答案。

直到19世纪，代表着科学的天文学家和代表着迷信的占星家才被清晰地区分开来。对行星和其他天体的观察结果，长久以来往往被解释为吉兆或凶兆。

6 地心说

现代天文学的一个基本原理即是"在地球上所观测到的物理法则同样适用于宇宙里任何一个地方"。亚里士多德（Aristotle）将这一想法应用在他那秩序井然的宇宙模型中。他删去了斐洛劳斯的"中央火"，以地球取而代之，作为宇宙的中心。

亚里士多德的这个宇宙模型尽管频繁遭到科学研究者的质疑，但古希腊人关于"大自然完美和谐"的信念不允许这个模型受到任何挑战，后来，天主教廷更是将这个模型奉为一个正统的信仰教条。于是，"亚里士多德的宇宙"从公元前 4 世纪到公元 17 世纪初，一直是人们心目中的"真实的宇宙"。

彼得·阿披安（Peter Apian）于 1539 年出版的《宇宙图》（Cosmographia）包含的这幅示意图展现了亚里士多德的宇宙模型，包括完整的黄道十二宫。几十年后，这种宇宙模型遭到了哥白尼的有力挑战。

物质的层级

亚里士多德以"宇宙由土、水、气、火四元素构成"的理念为出发点，认为自然万物都是由这四种元素组合而成的。冷、热、干、湿几种属性即是四元素在万物中的对应表现。燃烧的木头冒出的烟，是从木头中逸出的气，而木头燃烧时流出的脂油，是被变热了的水分从木头中排挤出来的，燃烧剩下的灰烬是土元素，跳动的火焰自然是火元素。

亚里士多德认为，自然界演化发展的根本动力，就是四元素有逐渐分离、纯化自身的趋势。大地是四元素大量混杂之处，密度最高，所以沉于其他假想的世界层次之下。从大地往上，依次是水、气、火的世界。火山喷发、地震和下雨，都是元素去往它们应该去的位置的过程。

在月球的高度上有一层火，太阳和五大行星都在这层火的外边绕地球运转。整个宇宙都被包裹在天球之内，恒星都镶嵌在水晶般的天球上。

在这个模型中，比月亮更高的空间里都充斥着"以太"（ether）。亚里士多德认为"以太"是来自上天的第五种元素，它极致完美，不与其他四元素混合，也不存在于人类能触及的地方。后来，人类即便在知晓了太阳系真实结构之后，也依然认为这种填充着宇宙所有空间的"以太"是存在的。直到 20 世纪，"以太"的概念才被爱因斯坦的狭义相对论彻底证伪。

7 旋转的球体

在今天看来，亚里士多德的宇宙模型明显充满了各种谬误，不过他的哲学观念中依然有些正确的成分。从天文学角度看，他最为卓越的主张当推"地球是球形的"，而他对此的论证居然源于大象。

很多古代文明貌似都认定地球在某种意义上是圆形。公元前 7 世纪的古希腊人认为，人类生活在一个圆盘状的大地上，但到了公元前 580 年，阿纳克西曼德（Anaximander of Miletus）提出了"大地是个圆柱"的看法。他认为人类生活在这个圆柱的顶面，圆柱则被滚烫的海洋所环绕。

毕达哥拉斯（有些文献认为他是阿纳克西曼德的门徒）是著名数学家，他很可能接纳吸收了来自埃及、美索不达米亚乃至更遥远国度的科学知识。他主张所有天体均为球形，且地球也是一个天体，于是地球也必然是球形的。并非人人都同意他的看法。例如"原子论"（认为宇宙万物均由可称为"原子"的极小的单元组成）的代表人物德谟克利特（Democritus）就主张地球是扁平的。不过，德谟克利特也有很多天才的思想，可惜在当时人们对亚里士多德的盲目崇拜中被忽视了。

亚里士多德的成就告诉我们，古代天文学者已经知道月食是地球影子扫过月面造成的。更有趣的是，月全食时月亮表面发红，是太阳的光在地球大气层中散射之后投到月面上的视觉效果。

亚里士多德的逻辑

毕达哥拉斯并未对其观点做出充分的论证，但晚他 200 年的亚里士多德替他补充得不错。月亮的光是太阳光在月面上的反射（地球也一样反射太阳光）。这意味着月相变化并不是月亮在改变形状，而是月亮的亮面对地球的角度变化所造成的。根据这个观点，晨昏线（即星球表面亮区和暗区的分界线）也必是曲线，除了球形之外，没有别的形状能让晨昏线始终是曲线。在月食中，投在月亮表面的地影也总是圆的，如果地球不是球体，不可能总是投出圆形的影子。对于坚持认为地球扁平的人，亚里士多德拿出了"向南或北做很远的旅行后，会发现特定恒星的高度角变了"的事实——例如向南远行后，会发现北天的特定恒星离地平线变近，只有地球是球体才能解释这一现象。最后，亚里士多德还拿大象做论据（尽管这个论据现在看来不怎么样）说明大地表面是彼此连通的：在印度（当时已知的世界最东端）和摩洛哥（当时已知的世界最西端）都有大象在生活！

日心理论

亚里士多德之后，不到两代人的时间，希腊人阿利斯塔克（Aristarchus of Samos）就质疑了以地球为中心的宇宙观。他的理论以太阳作为宇宙的中心。

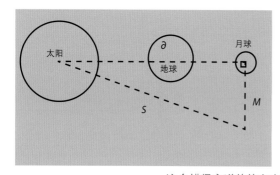

阿利斯塔克利用三角函数，由角 ∂ 计算出了线段 M 和 S 的长度之比。实际上，S 远远长于 M，于是角 ∂ 极为逼近 90 度，比图上所画的更近于一个直角。

这一理论是间接传到今天的，因为他只有一篇论著《论日月之间的距离》（约发布于公元前 250 年）直接存世，而这篇文献并未直接提到他的日心论。不过，这篇文献还是给出了一些指向日心思想的线索。他用三角学的知识算出，日地之间距离是月地之间距离的 19 倍。他假定上弦月（在地球上看，月亮正好是半圆）时，太阳、月亮、地球之间会构成直角三角形，并且说，此时从地球上看，日月之间的夹角是 87 度，比直角小 3 度。没人知道他是怎么测出这个数据的，就连现代天文学家也无法仅凭肉眼准确判断出月亮处于精确"半圆状态"的时刻。总之，从他最后求出的"19 倍"这个错得离谱的答案来看，这个"87 度"不可能靠谱，或许他只是靠一点几何技巧估出了这个角度值：上弦时，太阳和月亮的角距看来基本就是 90 度，但欧几里得的几何定律又表明这个夹角此时不可能达到 90 度。不过，阿利斯塔克还是以这个数据为基础，进一步估算了太阳和月亮的大小，并根据月食时月面的阴影估算了地球的大小。可想而知，结果依然错得离谱：他认为太阳的直径是地球的 7 倍（实际是 109 倍）。虽然这些得数的臆测色彩很重，但阿利斯塔克毕竟认识到了太阳比其他行星都大，于是他认定太阳才是宇宙的中心。如果他的学说能被同一时代的人认真对待的话，天文学的历史进程就会截然不同，可惜，这些都只能停留在我们的想象里了。

埃拉托色尼测算地球周长

在公元前 3 世纪末，另一位数学家找到了一个相当简便的办法来测算地球的大小，这个方法几乎只需要一次丈量就够了。

亚里士多德在其关于地球形状的论著中指出过一个广为人知的事实，即天体的高度角——天体与地平线之间的夹角——在不同地区看来是不一样的。太阳也不例外。亚历山大城图书馆的总管埃拉托色尼（Eratosthenes）也听说，在夏至那天的正午时分，太阳会在亚历山大城的物体旁

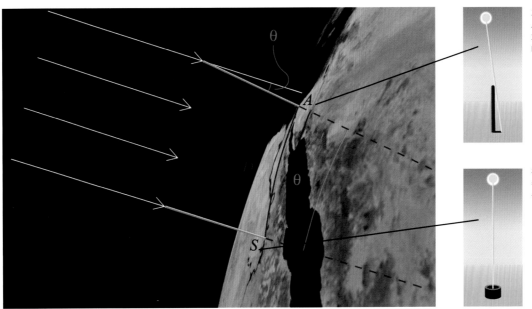

立杆、影子、光线组成的三角，足以让埃拉托色尼测出亚历山大城的太阳在夏至正午与天顶的夹角。

在塞尼城，太阳在夏至那天正午恰好位于天顶，因此能照亮一口井的底部。

投下影子，但在塞尼城（Syene，即今天埃及的阿斯旺）则不会。这激发了他的兴趣。关于塞尼城的现象，还有一份报告作为证据，报告说，每年夏至那天太阳都会照亮尼罗河的象岛（Elephantine Island）上一口井的井底，而此岛离塞尼城很近。埃拉托色尼意识到，如果太阳确实在夏至那天正午到达塞尼城的天顶，那么他只要在相同的时刻测出亚历山大城的太阳与天顶的角距，就能推算出地球的周长。

方法和结果

　　埃拉托色尼推断，从太阳到达地球的光线都是平行的。当到达塞尼城的光线垂直射入那口井时，到达亚历山大城的光线必与亚历山大城的地面呈一斜角，并且由此给物体投下影子。他又根据图书馆里的文献和长途旅行商人的报告得知，这两座城市相距 5 000 斯塔德（前文提到过这个并不通用的古单位），我们在插图中将两城距离记作 D。于是，他要测的只是夏至当天正午时刻阳光在亚历山大城的倾斜角度（图中用 θ 表示），而这只要立起一根竖直的长杆并丈量其影子的长度就可以完成。至于其他工作，只靠几何学就足够了。

　　由几何推理可知，亚历山大城在夏至的正午测出的 θ 角，与亚历山大、塞尼两座城市相对于地心所夹出的角相等。埃拉托色尼最终测出的 θ 角是 7 度 12 分，约合圆周的 1/50，所以他推知 5 000 斯塔德即是地球周长的 1/50。于是，用 5 000 乘以 50，再为一些小的误差做了补正之后，他宣布地球的周长为 252 000 斯塔德。这样，只差搞清斯塔德的长度了。今天我们知道，如果按从奥林匹亚的竞技场测出的斯塔德长度——185 米来代入，会产生 16% 的误差，不过，从埃拉托色尼的得数看，他采用的是埃及的斯塔德长度（157.5 米），这使他的答案 39 690 千米非常接近真实值，仅比今天测出的数值小 2%！

10

轮内有轮

依巴谷（Hipparchus）是公元前 2 世纪工作在爱琴海的罗德岛（Rhodes）上的一位天文学家。他测出的星表相当精确，这让他发现，恒星的位置、星座的形状并非像人们原来想的那样一成不变。

依巴谷可能也在当时的世界学术中心亚历山大城工作过几年。这幅图描绘了他正在亚历山大城使用测角器测量恒星角距的场景。

依巴谷的著作在过去 2000 年的岁月中已经散佚殆尽，我们只能从其他文献的介绍中获知他的成就。他的大部分职业生涯都在他建于罗德岛上的天文台度过，用于观测并绘制星图。在没有任何光学器材的年代，他编制了包含 850 颗星的目录，其精度高得令我们吃惊。他的大部分测量工作可能是用"测角器"（cross-staff）完成的，这是一根安装有位置可调的活动棍的长杆。在长杆指准一颗恒星后，其他活动棍的位置可以被调整，直到正好能通过它们看准另一颗特定的星。此时在测角器上测出杆与棍的夹角与方向，即可用来推算两星之间的相对位置关系。

依巴谷被称为三角学的奠基人物之一，绝非浪得虚名。他编制了最早的直角三角函数表，列出了直角三角形中角度与边长比例的对应关系。就像我们用经度、纬度来标定地球上的任何一个地点一样，他在天球上绘出了所有主要恒星的坐标，用以描述它们的位置。他还发明了描述恒星亮度的单位——星等（magnitude）。

天球在漂移

依巴谷发现，与他那些早已逝去的先辈（最早可溯至古巴比伦人）的观测结果相比，他的星表并不完全相符。有些关键的恒星在经历数个世

纪之后，位置有了轻微的变化。是的，恒星不只随天球绕地球运转，它们在天球上的位置也是一直在变的。不过，依巴谷测出的恒星位置数据是以春分点和秋分点为基准的，而他还发现，天球上这两个重要的点同样在慢慢地改变着位置。他给出的春分点和秋分点移动（更标准的称呼是"进动"，即 precession）速度，是每世纪沿黄道方向约 1 度。（我们目前知道，春分点和秋分点位置的漂移，是地球自转轴的指向变化造成的，而这种变化源于其他天体对地球的影响等多种因素。目前测得的这个漂移速度比依巴谷给出的稍快：大约每 26 000 年，春分点和秋分点就能在天球上漂移一整圈。）

偏心轨道或者添加本轮：两种思路

　　偏心（eccentric）轨道理论仍认为天体的轨道（P）是正圆的，只不过被绕的星（E，例如地球）不在圆心（C）上。本轮理论则是让天体在称为"本轮"的小圆环（Q）上运动，而这个小圆环的圆心（A）是沿着正圆轨道（即"均轮"，deferent）绕 E 运动的，E 处于均轮的圆心上。

偏心轨道　　　　　　本轮

11 安提凯塞拉机器

这个锈蚀严重的轮盘状物体，是 1902 年在克里特岛附近的一个小岛——安提凯塞拉（Antikythera）岛的海床上打捞出来的，看上去像是块钟。虽然这不是钟，但古人确实厉害，他们在 2000 年前就造出了机械结构的天文计算器！

这件机器的可动部件以铜制成，被固定于木框之中。或许本来还有不少部件用于操控它运转，但可惜均已丢失。

　　由于这件东西是在安提凯塞拉岛海床的沉船中找到的，所以它无疑是古物。这艘船可能是在公元前 70 年沉没的，当时它满载了罗马的货物，准备返回意大利。船的残骸被浸泡在 60 米深的水下，在没有水下呼吸器的年代里，为了打捞这艘船上的文物，好几位潜水员付出了生命的代价。

　　这部机器的设计和制造都相当精密，专家由此推断它肯定有着不止一个的雏形版本，而且这些设计可能来自罗德岛，也就是依巴谷的家乡。进一步的研究指出，这件神秘的机器可能是一架更庞大的机械计算机的一部分，整架机器应该是以依巴谷的天体轨道模型为基础而设计的，可以用来计算太阳和月亮在任何日期、任何时刻相对于各颗主要恒星的位置。

12 儒略历

古埃及人世世代代以 365 天作为一年，但他们最终发现"新年"与尼罗河水泛滥（表示特定季节）之间逐渐不同步了，年历的误差在增大。最终还是罗马的统治者儒略·恺撒（Julius Caesar）解决了这个天文历法问题。

当今"每年设 12 个月"的规定也来自罗马历法。恺撒的历法改革确保了季节和日期的长久对应。例如，11 月是屠宰牲畜的季节。

宇宙完美和谐的程度看来确实没有人们想得那样高。太阳从一次经过正南到下次经过正南所用的时间，比一颗普通恒星再次经过正南的用时要长出约 4 分钟，也就是说天球的旋转似乎稍快一点（或者说，它看上去稍快一点）。另外，依巴谷等天文学者已经知道，"太阳绕地球"旋转一圈的时间约为 365 天再多 6 小时。这就意味着如果使用以完整的 365 天为一年的日历，那些由恒星决定的事件就会逐步偏离原来的季节。例如，罗马人把天狼星开始在夏季黎明升起的日子叫作"狗之日"，以表达天气炎热的意思，这个日子本来在 7 月，但到了公元前 1 世纪，恒星行为和月份之间的偏差已经大得不容忽视了——需要补上好几个月才能让自然季节与恒星升落重新同步。

公元前 46 年，儒略·恺撒成为罗马的统治者，并决心整理修订历法。他听取了亚历山大城天文学家索西琴尼（Sosigenes）的建议，每 4 年设置一个闰年，规定闰年有 366 天（多出的一天被加在天数最少的 2 月）。对于此时罗马的旧历已比实际季节快了近 3 个月的情况，恺撒颁布法令，将这一年（公元前 46 年）临时加进两个多月，让这一年有 445 天，把季节与历法重新拉回到了同一步调。

13 托勒密的《天文大成》

克劳迪乌斯·托勒密（Claudius Ptolemy）是古典天文时期最后一位著名天文学家，他作为当时科学的集大成者留名至今。他编纂的著作尽管有很多瑕疵和错误，但也为后世科学思想的发展提供了充沛的营养。

托勒密住在亚历山大城，不过这不是希腊的亚历山大城，而是希腊历史上亚历山大大帝在尼罗河口建起的一座很大的海港城市（这位大帝留下了很多座"亚历山大城"）。"托勒密"这个名字也代表着一种贵族血统，可以上溯至亚历山大大帝手下的托勒密将军。在不可一世的亚历山大大帝英年早逝后，这位将军成了埃及地方的实际统治者。他和他的后代们以"法老"的身份管理埃及达 250 年之久，直到"埃及艳后"克里欧佩特拉七世与两个罗马人发生了那些缠杂不清的事……所以，到了公元 140 年克劳迪乌斯·托勒密研究他的天文时，他已经只是个与前统治集团略有关系的普通公民了。

Almagestũ CL. Ptolemei
Pheludiensis Alexandrini Astronomoʒ principis:
Opus ingens ac nobile omnes Celozũ mo-
tus continens. Felicibus Astris eat in
luce: Buctu Petri Liechtenstein
Coloniẽsis Germani. Anno
Uirginei Partus. 1515.
Die. 10. Ja. Uenetijs
ex officina eiuf-
dem litte-
raria.
* *

这是 1515 年在威尼斯印制的《天文大成》拉丁文版的标题页。在当时，此书依然是非常实用的天文学纲要性书籍。但是这之后不到 30 年，哥白尼就让这部大书变成了仅供玩赏的"古董"。

在前人的肩膀上

托勒密（一般指这位克劳迪乌斯）是个勤勉的天文学家，在三角学的进步方面也有不少扎实的贡献。但是他那 13 卷的巨著，绝大部分是基于依巴谷的星表及其对日月运动的数学解释的。托勒密认为，这部书讲的只是预测天文事件的一种方法，并不代表宇宙的实际面貌。因此，他的这本书在基督教国家即将建立的时代，既有着巩固亚里士多德理论体系的作用，又被官方接纳为反映造物之神精妙智慧的正统知识。

这片黏土做的建筑饰件展现了托勒密用一个简单的象限仪测量恒星高度角的场面。

说希腊语的托勒密原先起的书名是《数学论著》，后来又改名为《大专著》。在被称为"欧洲黑暗时期"的 6 世纪，天文学和其他科学的中心都迁移到了中东地区，此书又被阿拉伯人称为 al-majisti，或者说"至大论"。又过了数个世纪，此书被重新引进回欧洲时，才开始用现在通称的书名《天文大成》（Almagest）。

Cum priuilegio.

托勒密的贡献

托勒密对依巴谷的星表做了增补，也花了很大力气去弥合日月绕地运动的位置在计算结果与实测结果之间的差异。为此，他扩展了行星系统的模型，给行星轨道理论又添加了一层复杂性，以便解释行星除了时快时慢之外，为何有时会在天空中完全朝相反方向移动。尽管用日心说可以更简洁地解释这些现象，但托勒密还是坚持地心说，并以他高超的数学技巧完善了依巴谷的"本轮"加"偏心轨道"理论，进一步提出"均衡点"（equant）概念——相对于均轮中心来说，这个位于均轮之内的点与地球是对称的，这一概念的引入，也让计算结果与实测数据更好地吻合起来了。

14

找寻地球的位置

星盘

在公元后的第一个千年里，天文学家们的工作重点是更加详尽地观察天空，并将天体位置的测量做得更精确。他们最主要的工具是星盘——这种工具由依巴谷发明，又由伊斯兰天文学家改进并臻于完善。

这个铜星盘制造于13世纪的开罗。盘中稍小的圆环代表黄道，那些华美的星座雕像中的圆点则表示一些主要的恒星。依照刻度转动星盘，就可以看到在对应的时间里的星空概况。

公元5世纪，罗马帝国逐渐衰落，天文学研究的中心转移到了伊斯兰帝国。亚历山大城的图书馆荒废已久，但巴格达的"智慧之宫"（House of Wisdom）可以看成是这座图书馆在阿拉伯世界的重生，同时也为后来在欧洲出现的大学提供了基本范式。

当时伊斯兰天文学家主要学术热点是寻求更好的方法以找准"朝向"（quiblah，即圣城麦加的方向），以及开发更精确的授时技术，以便让住在庞大的哈里发帝国各个地方的信徒都能在准确的时刻对着准确的方向做礼拜。在这些工作中，星盘（astrolabe）必不可少，它是一个可以转动调节的天空平面模型，用精美的镂空雕刻表示黄道和主要亮恒星，以镌有天球坐标的圆盘为底，二者都被固定同一个外框中且可以转动，用来表示每天的不同时刻。利用星盘，只要测出特定亮星的高度角，并相应地转动盘上的部件，就可以知道具体的时刻。建筑测量员则可以利用星盘找出麦加的方向，以便确定清真寺内的"米哈拉布"（mihrab，即指向麦加的拱券式结构）应该如何搭建。

伊斯兰帝国在其政治的黄金时代，也拥有顶尖的科学水准。10世纪的伊斯兰科学家伊本·阿尔哈赞（Ibn Alhazen或Ibn al-Heythem）曾经解答了一个很基础的科学问题：我们是怎么看到东西的？此前，托勒密认为答案是人眼能发出光线，光线碰到周围物体后再反射回眼睛产生视觉。但阿尔哈赞认为，既然我们睁眼就能立刻看到那些很遥远的恒星，所以光线应该是由其他物体发出并进入人眼的。伊斯兰科学家在宇宙观方面虽然坚持地心说，但阿尔·苏菲等天文学者不断增补扩充托勒密的工作，留下了关于更多暗弱恒星乃至对仙女座大星云的最早记录（称之为"小云"）。他们的努力工作自然也为当代科学留下了许多源于阿拉伯语的词汇——例如作为术语的zenith（天顶）、azimuth（方位角）、nadir（天底）、almanac（历书）等，以及作为恒星名的Betelgeuse（参宿四）、Rigel（参宿七）、Altair（牛郎星）等。

15 蟹状星云诞生

　　1054 年，金牛座天区里突然出现了一颗闪亮的星，此前没有人见过它。这颗星在此后两年的时间里逐渐暗淡下去，最终消失在人们的目光中。当时中国的天文学家们记载了这一非同寻常的、现今被我们称为"超新星"（supernova）的事件，而这次超新星爆发也在天幕上留下了一团暗弱的云气

16 哥白尼改变世界

"范式转换"这一术语现在越来越多地被使用，或许已经用得有点过于频繁了。严格地说，这个术语是指一整套科学假定都发生了改变；而如果要说天文史上最大的范式转换，那就不能不提尼古拉斯·哥白尼（Nicolaus Copernicus）。

如果你闭目静心，在"太阳和宇宙都绕着地球运转"的迷思中准备沉沉睡去，那么"地球和其他行星一起都在绕太阳运转"的想法绝对是当头棒喝，让你顿觉醍醐灌顶。

尽管哥白尼不是第一个主张太阳是宇宙中心的人，但他是第一个公开宣扬日心说，并用天文计算来支撑这个学说的人。他是在学习医术的过程中迷上天文的——当时人们认为健康状况会受天体运动的影响，所以天文也是医学专业的一门课程。

后来，哥白尼去罗马当了3年天文教师，传授那些用本轮、均轮、偏心轨道等来描述各个天体绕地球运动的规律的复杂理论。

在这期间他有了改用更为简洁的日心理论来描述天体运动的想法，但直到他回到家乡波兰并成为一位教士之后，才开始为他的"异端"理论进行周密的计算论证。不过，他并不敢得罪教会，于是把著作手稿托付给了他的一个忠实可靠的学生。这位学生一直等到哥白尼病危弥留之际才敢让著作付梓。果然，此书面世后，随即被教皇宣布为禁书，这一禁令持续了300余年方告解除。

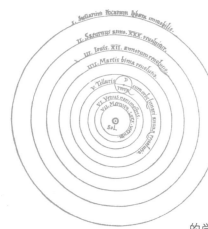

哥白尼著作《试论天体运行的假说》（今通称《天体运行论》）中的这幅插图展示了六大行星（含地球）是围绕太阳运转的。

17 第谷·布拉赫的天文台

我们必须清楚，直至 17 世纪初，所有被记录在星表中的恒星都是通过肉眼观测出来的，总共约有 2000 颗。在没有望远镜的时代里，第谷·布拉赫（Tycho Brahe）是最后一位伟大的天文学家，他工作的地点则是世界上第一座专门设计建造的天文台。

第谷堪称天文学家中的"大反派"：他富得超乎想象，有着古怪得让人难忘的名字，在丹麦、瑞典之间的一个岛上建立了奢华的天文基地，而且据传说他性格阴郁、脾气不好。他的第一组天文建筑叫作"天空城堡"（Uraniborg），有许多高塔用于放置观测设备，还附有一个用于进行其他各种实验的巨大地下室和一座花园。但是，波罗的海那强劲的海风导致高塔颤动，无法进行某些精细的观测，所以这组建筑很快就不能满足第谷的野心了。他放弃了这组建筑，另建了"星之城堡"（Stjerneborg），这个建筑整体位于地下，只有观测设备露出地面，一举消除了狂风的影响。

天道不恒

第谷并不接受哥白尼的日心说，因为如果地球是运动的，那么恒星的位置在不同季节看起来就应该不同（即"视差"现象），但第谷从未观察到这种现象（现在我们知道是恒星太遥远了，地球运动为其造成的"视差"太小，难以直接察觉）。不过，第谷的地心说也很特别，他在主张太阳绕地球运转的同时，认为其他行星是绕太阳运转的。抛开这些怪论不谈，第谷制作的星图品质可是相当高的，不但优于古人，同代亦无出其右者。他最大的成就则来自他早年的观测记录：1572 年，他观察到一颗亮度堪比金星的新星（即"第谷超新星"，记作 SN1572）。他找不出任何证据来说明这颗星比其他行星更靠近地球，所以他认为这依然是一颗恒星，也就是说，天球也并非永恒不变的无瑕之球，而是像世间万物一样会有演化。

荷兰制图专家约翰·布劳（John Blaeu）的这幅画展现了第谷建于汶岛（Hven，今作 Ven）上的"天空城堡"。图中，第谷和几位助手正在主天文台上观测。地下实验室、中层的会客厅和顶层的仪器平台在图中也被清晰地描绘出来。

18 一种新历法

虽然经过了恺撒的改革，但西方历法的一年（365天又6小时）与实际的年仍非完全吻合，后者比历法要短11分钟。这一误差的效果要累积好几个世纪才明显看得出来，但当它影响了复活节的日期之后，教皇就必须有所行动了。

这幅15世纪的画表现了公元325年各地基督教领袖在尼西亚城（Nicaea）召开历史上第一次联合大会的情景。这次大会由康斯坦丁大帝支持并庇护。这位大帝在图中被画在中央的座阶上，并被刻意描绘成近乎救世主的样貌。此次会议中，确定了复活节的计算方法，该方法一直使用到1250年，直到格里高利教皇改历使其更加适用于未来长久的岁月。

复活节是靠月亮的运行计算出来的一个节日，在日历中的日期不定。早期的基督教领袖为了纪念耶稣复活，规定春分之后的第一次月圆之后首个星期天为复活节，这也是大地经历冬日沉睡之后恢复生机的时间。

基督教的日历在每年复活节前还有很多重要的先导事件，例如圣灰日（Lent）及其守斋活动等，所以预先知道这些日期是极为重要的。在计算中，神职人员要审慎地识别出哪次满月才是"圣灰之月"（即春分之前的那次满月），有时还不得不运用一点猜测手法。当满月出现得太早时，它就有可能不是真的"圣灰之月"，这种满月在古英语中叫作 belewe，有"背叛者"的意思。在接近春分的时令里，如果出现了两次满月，则多出的一次会被叫作"蓝月亮"，这个称谓或许也与早期基督教的传统有关。

儒略历落后了

儒略历的"年"平均长度比实际长了11分钟，导致每128年就会比实际延滞1天。在16世纪即欧洲中世纪末期，儒略历的迟滞幅度已经超过了一个星期。这意味着复活节节期虽然仍能与季节同步，但在日历中对应的日期范围越来越早。而那些以日历上固定的日期为准的节庆，比如圣诞节，其所在的季节就逐渐不准了，慢慢移出了它们传统上所在的时令。如果照此下去，复活节和圣诞节早晚有一天会重合——尽管那可能要再过几千年才发生，但仍然是个了不得的大问题。

1578年，教皇格里高利十三世决心有所行动。他在以

蓝月、收获月、猎人月

公历的月份与月球公转周期有着一个小差异：月球大约只用29天就可以绕地球一圈。这也就意味着一年之中，月亮会圆13次而不是12次，于是必然有某个月会含有两次月圆，其中的后一次就称为"蓝月亮"。有俗话说"月亮蓝了"，用来形容罕见的事（有点类似于我国的"黄河清了"——译者注），估计与此现象有关。"收获月"则出现于秋分前后，在日落不久后升起，满月的光华洒遍田野，可以帮助农民继续收割直到深夜（上图）。收获月后的下一次满月称"猎人月"，同样整夜可见，常在升起后不久就可见于低空，显得很大。猎人月通常是捕猎候鸟、享受丰收成果的时节。

德国数学家、坚定的地心论者克里斯托弗·克拉维奥斯（Christopher Clavius）为首的专家团建议下，宣布对儒略历的闰年规则进行一点小改动：整百的年份不应再设为闰年，但若是整四百的年份，仍须置闰。在新的闰制下，日历上每年的平均长度变成了 365 天 5 小时 49 分 12 秒。教皇同时还决定把日历拉回到早年那个与时令同步的状态去，因此宣布在 1582 年里减去 10 天，该年 10 月 4 日过完之后立刻过 10 月 15 日。后来，又找机会消去了一天。

终成通用历法

格里高利十三世的历法改革，使得我们在公元 3719 年之前都不必再担心日历与节令的差值达到 1 天的程度。不过，这个历法花了 350 年才让全人类广泛接受。它于 1582 年首先在天主教国家实施，而诸多新教国家稍晚才开始承认。瑞典则是在 40 多年的时间里逐渐减去了那所差的 11 天，这让该国在这段时间里一直用着一套独一无二的日期系统。英帝国（当时包括北美）直到 1752 年才改历，而土耳其启用这套历法时，已经是 1929 年。

19 有磁性的行星

我们要感谢威廉姆·吉尔伯特（William Gilbert）根据希腊文的"琥珀"发明了"电"（electricity）这个词。不过，他更应该被我们铭记的功绩是，他发现电与磁有关，而磁与我们的地球有关。

生活与公元前 6 世纪的"科学之父"、希腊人泰勒斯是第一个做过关于电与磁的演说的人。电是琥珀（松脂的化石）的一种属性：只要摩擦琥珀，就可以让琥珀带上静电荷，从而使之能够吸附起诸如羽毛或灰尘这样的轻小物体。磁现象则最早发现于希腊中部城市马格尼西亚（Magnesia）出产的一种石头上，今天我们知道这是一种有天然磁性的铁氧化物矿石。

威廉姆·吉尔伯特的贡献则比这些要晚 2200 年，他于 1600 年出版了《论磁性》一书，并在书中指出整个地球就是一块大磁铁。他说，由于地球两极之间有天然的相互吸引的趋势，所以罗盘针总是指向地极，为我们标出南和北。吉尔伯特通过一种叫作 terrella 的、用有磁性的矿石雕成地球模型证明了自己的理论：放置于该模型表面的罗盘针，会指向该模型的两极，与真实航海中使用罗盘时的模式一致。理论上认为，地磁源于一个旋转的固体铁质地核，可惜人类至今也没有办法到地核去看个究竟。

《论磁性》的一幅插图展示了吉尔伯特如何让一块通红的铁拥有了磁性：将其南北放置，然后不断锤击。

《论磁性》中的磁场示意图，画出了地球上不同地点的磁场方向（从左到右的对角线表示地轴）。这幅图也展示了地球磁力在空间中的球形作用力场（吉尔伯特称之为 Orbis Virtutis）。后来，直到 20 世纪 50 年代第一颗人造卫星发射后，人类才获得了关于地球磁场在宇宙空间中存在的直接证据。

20 李普希的望远镜

天文学家总想从太空中探取更多的证据用于研究，但囿于人体的天然局限而无法做到。幸好，荷兰光学师傅的一个简单发明，让天文学家们有机会把辽远的天空看得更清晰。

望远镜的准确起源如今不得而知。有一种传闻说望远镜的原理其实是李普希的孩子们发现的。

汉斯·李普希（Hans Lippershey）是德国人，1594年搬到尼德兰的一座首府城市米德堡（Middleburg）生活，是位光学器件师傅，手工磨制镜片以装配助人阅读的眼镜。在他来到米德堡之前的一些年，该城的光学师傅詹森（Zhcharias Janssen）就把两片透镜固定在圆筒中，制成了显微镜，可以让物体看上去变大很多。1608年，李普希做了一个更大的类似设备，可以"拉近"远处的景物。有传说是他的孩子们发现把两片透镜按特定距离叠举在眼前可以看清附近教堂顶上的风向标，但更可能的情况是他吸纳了詹森的创意，因为此时詹森的工作地点离他很近，且已经制成了望远镜的最简单雏形。不论如何，李普希是想通过制作这种"荷兰式观望镜"来发财，但他没有达到目的，因为望远镜的技术原理很快就传开了。

21 开普勒的行星运动定律

不要觉得"约翰尼斯·开普勒"（Johannes Kepler）这个名字就跟"迷信"无缘——他虽然是一位有天赋的数学家，但同时也是一个职业占星师。但他毕竟是个在合适的时代拿到了合适的数据的合适人选，所以他成了天文学史上发现宇宙运动科学法则的第一人。

开普勒是个新教徒。由于德国南部和奥地利的教派迫害，他迁到了布拉格，并在那里成了第谷·布拉赫的助手。此时第谷已经离开了他的故乡和家族，来到这里给神圣罗马帝国鲁道夫皇帝当御前天文学家。鲁道夫皇帝作为一个政治家是拙劣的，在他的王朝内，讲德语的地区受三十年战争的影响而严重萎缩、分散；但他热衷于对科学与艺术活动提供庇护与赞助，这又为即将到来的科学革命撒下了种子。

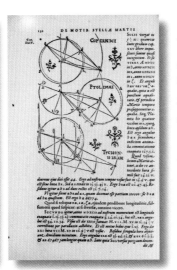

第谷于 1601 年去世，他生前非常吝啬地秘不示人的大量行星运动观测数据，全部由开普勒接手管理。与地心论者第谷截然不同，开普勒支持哥白尼的日心说，但他此时也像以前的无数天文学家那样，相信行星的公转轨道一定是标准的圆形。第谷留下的数据中，关于火星的数据最丰富，开普勒用了 6 年钻研这些数据，最终有了新的发现：在 1609 年他以《新天文学》这个震撼人心的标题把他的结论付诸笔端：行星绕太阳的轨道不完全是圆的，而且更令人惊讶的是，它是椭圆形的。

开普勒在《新天文学》中用这些素描对比了托勒密、第谷和哥白尼的宇宙观。

焦点的改变

关于椭圆形的几何学，在古希腊经典数学时期就已经研究得很多了。用一个平面去截一个圆锥，按角度不同可以得到好几种曲线，这就是圆锥曲线家族，而椭圆曲线正是其中一种。椭圆形有两个焦点，把一个椭圆圆周上的任何一点到这两个焦点的距离相加，得数是恒定的。正圆只是椭圆的一个特例，也就是两个焦点重合时的情况。

开普勒把行星在轨道上的运动总结成 3 个严谨的数学定律。第一定律最简单，即行星沿椭圆轨道运动。第二定律是说行星在轨道上运行到离太阳较近时，就走得快些，离太阳较远时则走得慢些，用数学语言来说，即是在相等的单位时间内，行星与太阳之间的连线所扫过的面积也是相等的。第三定律是，行星的"一年"（即公转周期）的平方，与行星与太阳的距离的立方成正比。

开普勒支持古希腊人关于宇宙和谐的观念。在遇到第谷之前，他尝试过把已知的六大行星的轨道组织成球面，与柏拉图学派的固体宇宙壳层结合起来。这个理论是在 1596 年通过他的《宇宙的神秘》一书发布的。

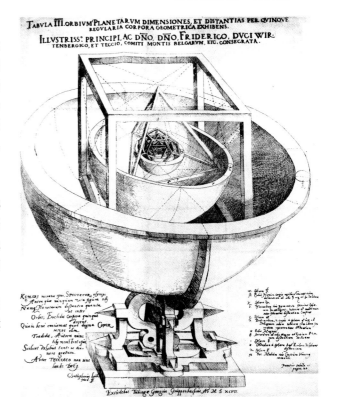

22 星星的信使

伽利略（**Galileo Galilei**）是科学史上光芒万丈的人，以至于历史学家在提到他的时候也往往只写他的姓（西方史学界提到历史人物一般要求姓、名俱全，以免混淆，除非此人特别著名。但中国人称呼他时常用他的名"伽利略"，而省略他的姓"伽利雷"——译者注）。1610年，这位意大利人把一台自制的，但也是当时世界顶级的望远镜指向了天空，而他的发现不仅颠覆了他对头顶苍穹的认识，也给他惹来了一大堆的麻烦。

伽利略最广为人知的事迹就是他的天文观测，以及那句虽然低沉微弱但依然坚持日心说的话语。日心说这一观点把地球送上了绕日运行的轨道，也与教廷的那些强势训诫发生了直接的冲突。当然，伽利略在拿起望远镜之前很早就否定了亚里士多德学派所说的那种宇宙和世界，尽管那种观念被教会宣布为无须争论的真理。据传说，他于1589年在比萨斜塔做了一大一小两个铁球从高处落地的实验（当今的科学史研究倾向于认为这个实验不是他最先做的，而且地点也不是比萨斜塔——译者注），发现两个铁球同时落地，这个铁的事实直接推翻了亚里士多德"重物比轻物下落更快"的重力理论。

伽利略在向威尼斯的权贵们演示他的望远镜。这架望远镜可将天体放大30倍，而李普希的望远镜放大能力只有3倍。

折射式望远镜

伽利略是用一架折射式望远镜做出他的那些伟大发现的，这种望远镜用两片透镜来聚集星光并放大图像。此前数世纪，人们已经熟悉了玻璃的曲面所能实现的折射效果。光线在穿过透镜时会折射，或者说改变方向，然后继续传播。特定形状的透镜，能把从它一侧各个位置穿过它的光线在它另一侧的某个距离上汇聚起来，这就是折射式天文望远镜的"物镜"（位于镜子前端且较大的那片透镜），它收集了比人眼更多的光线，将其投射成一个致密但清晰的小影像。另一片透镜就是"目镜"，将这个小影像放大之后供人观察。

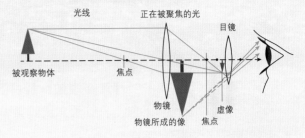

物镜形成的小影像在通过目镜时发生偏折，给观察者一个在比小影像稍远一些的位置上的大"虚像"。人眼在这个放大的虚像中可以识别出更多的细节。

两片透镜是折射式望远镜最基本的设计方案，但这种方案的成像是上下颠倒的。这种颠倒对于观景来说是个问题，需要加其他透镜来改正，不过对于天文观测来说无所谓。

光线与金钱

伽利略本来只喜欢平静的科研生活，不过他后来发现科学能带给他的不只是这些。当他听说了李普希的发明，并且意识到望远镜很快就会在威尼斯上市的时候，立刻想出了一个能快速致富的方案：制造望远镜。对于威尼斯这种港口城市而言，望远镜会有很大的价值，因为只要能比别人提前一小会儿看清海面上远来的货船发出的、关于到货种类和细节的信号，就足以借机操控威尼斯市面上的货物价格而获利，而配备了望远镜的人无疑能在这种竞争中占得上风。在威尼斯长大的伽利略自然深谙此道，他抢在荷兰望远镜运达威尼斯之前，自己设计制造了一款功能更强大的望远镜，赢得了市场。他所在的大学也将他的薪水加倍，以表彰他的功绩。

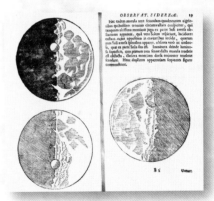

伽利略绘制了许多月面图，研究月面晨昏线（即亮区和暗区的分界处）附近的阴影形状，发现月球表面也有山峦起伏和许多别的地貌特征。

直指夜空

伽利略不是第一个用望远镜观察天体的人，但他 1610 年写的书《星星的信使》确实是第一本科学地描述望远镜观天成果的书。这位卓越的天文学家观测了最亮的大行星——金星，并且发现它与月亮类似，也有着相位变化。这也说明行星的亮面有时只有很小一部分对着地球，而这也对教会"行星都绕地球转"的教条形成了挑战。实际观测告诉伽利略，确实应该是地球绕着太阳转。此后伽利略又把注意力转向了木星，发现木星被三颗小星所围绕，小星们的位置每晚都不一样，不久他又发现了第四颗。伽利略意识到，木星有着属于自己的四个小月亮，但在亚里士多德的体系中，所有天体都是直接围绕地球转的。

伽利略的新发现快速流传开来，"宗教裁判所"（维护正统教义的机构）开始找他的麻烦。神学家们指责日心说荒诞无稽，伽利略被迫宣布撤销自己的理论。他此后还偷偷坚持了几年这方面的研究，最终被指控为异端，进而在法庭上做出了让步，以避免牢狱之灾。1992 年，梵蒂冈教廷宣布为当年错加给伽利略的罪名道歉。

23 一次金星凌日

开普勒生前没能看到他对行星运动的数学描述付诸实用。但在他去世后不久，一位天文爱好者就使用他的定律算出：1639 年金星将正好从太阳面前经过。

1859 年，一幅玻璃蚀刻画被安装在兰开夏郡霍尔镇（Hoole）教堂的窗子上，展现了助理牧师霍洛克观测金星凌日的场面。不过，他用来投射太阳像的卡片，在画面中已经换成了一块幕布。

　　杰里迈亚·霍洛克（Jeremiah Horrock）是兰开夏郡一座乡村教堂的助理牧师，但他在剑桥大学读书期间已经娴熟掌握了哥白尼、伽利略、开普勒等人的研究成果。当时流行最广的金星运动状态表（可称"金星星历"——译者注）是荷兰人菲利普·范·兰斯伯格（Philippe van Lansberge）制作的，就连开普勒也使用这份表格，并通过它算出 1639 年金星将从天球上距太阳很近的地方掠过。霍洛克通过自己对金星的观测，认为兰斯伯格的表格不够精确，他指出，金星其实将正好从日面上划过，日期是 1639 年 11 月 24 日。当那一天到来的时候，霍洛克将望远镜紧紧对准了太阳，并在目镜端放了一张卡片，以投射出太阳的图像。果然，在下午 3 点 15 分，他看到一个很小的黑点侵入了日面——那是金星的背影。这也证实了开普勒的数学定律确实是天文学研究的极佳工具。

24 惠更斯观测土星环

通过早期望远镜所做的观测远远谈不上清晰。手工磨制的透镜经常把来自天空的景象严重扭曲，各种不同颜色的光折射率不同也使它们无法严格按同一光路聚焦，形成"色差"。只有设法减弱色差，才能看到更多的细节。

　　伽利略的观测因改变了人类心目中的宇宙图景而永垂青史，但他看到的影像其实是很模糊的。在他手绘的月面图上，我们很难把他画的月面特征与当今看到的实际月面地貌对应起来，因为他的望远镜所成的像无疑是严重失真的。伽利略从对月球的观察中知道的最重要的一点，恐怕就是月球并非像水晶球那样光洁无瑕，而是像地球一样有着凹凸不平的陆地表面。另外，伽利略观察到木星的 4 颗卫星，但在观察土星时却记载道土星是"一大二小"的三星组合体。这显然是他粗劣的器材跟他开的一个玩笑。此后不久，把问题变得复杂的事情就发生了：土星左右两侧的这"两颗小星"逐渐看不到了，直到 1616 年才重新出现。这种困惑在 1655 年由技术水平提升了的望远镜所终结：从土星边缘"凸起"的"卫星"其实正是当今著名的土星光环。当土星严格地以侧面对着地球时，薄薄的光环就隐没不见；而土星斜对地球时，光环自然就会呈现出来。

做出这一发现的是伟大的荷兰科学家克里斯蒂安·惠更斯（Christiaan Huygens），他此后不久又发明了摆钟和内燃机。惠更斯在他的望远镜上采用了更大且更薄的透镜，有效地减弱了色差的影响，使望远镜的成像更加真实可靠。他知道这种物镜只能聚光，不能放大图像，而且焦距太长，所以还建了一架很长的"空中望远镜"——巨大的物镜被放在一根高竿的顶上，天文学家在地面上以一根长杆控制物镜的方向，同时手持目镜去对准物镜聚拢来的光。尽管这种望远镜的稳定性较差，但还是带来了几项科学发现，直到反射式望远镜问世才退出历史舞台。

惠更斯写于 1659 年的《土星系统》首次展示了土星光环的模样。

25 牛顿的反射式望远镜

改用能反射光的镜面来聚集光线，望远镜的透镜色差问题就这样被一举绕开了。

在折射镜发明后不久，伽利略和其他不少学者就开始考虑是否可以用曲面的反射镜来代替物镜收集光线。他们认定星光能够被反射到一个点上，供做目镜的透镜来放大，但所有试验都失败了。直到 1668 年，伊萨克·牛顿（Isaac Newton）解决了这个问题。牛顿使用铜锡合金来镀制镜面，且抛光极佳。主镜被装置在木制镜筒的底端，将光线汇聚到靠近镜筒另一端（开口端）的位置上，在那里另有一块小小的平面镜，把光线侧推 90 度，送到镜筒的一侧，而用作目镜的透镜就被安装在这个方向上的镜筒外面。反射式望远镜的发明让时年 26 岁的牛顿在科学界崭露头角，此时距他发表他的万有引力理论和众多数学成果尚有几十年。（当今世界上最强大的光学望远镜依然采用反射式设计。）

牛顿制成的第一架反射镜已经遗失，这是他的第二架反射镜。他将其捐赠给了伦敦的皇家学会。

26 确定子午线

对全地球进行探索的时代需求，催生了一批航海帝国，天文学研究很快随之成了一项重要的国家职能。天文学家能为漂洋过海的船队提供着精确的时间计量和导航数据。本是用来描绘苍穹的技术，此时也开始用于描绘旧大陆和新大陆的土地了，特别是已经获得的领地。

任何地图都需要"参考点"，图中所有其他的点都是以参考点为基准而标绘出来的。对于描绘地球这样的球面来说，需要用个很大的圆作为参考点，将地球分为两个半球。赤道正好是个这样的圆，将地球分为均匀的两半，而且地球表面每个点都可以从赤道向南或向北量出（与赤道的距离可以表示为"纬度"）。不过，更符合实际航海需求的方式是与赤道垂直，画出一个穿过地球两极的大圆，作为"子午线"，让任意地点都针对它形成向东或向西的量度，也就是"经度"。

这幅英吉利海峡（法国称拉芒什海峡）地图上，有许多三角形把格林尼治与巴黎子午线连接起来，以便在来自两种对立的坐标系统的地图之间进行对照。

先是巴黎，再是伦敦

在距离这个时代 1500 年之前，托勒密曾经建议以陆地的最西端作为零度经线（即子午线），因为当时已知的陆地大部分都在欧洲人的东边。1634 年，法国当局借鉴了这个创意，将子午线定在了加纳利群岛最西端的埃尔耶罗（El Hierro）。1667 年，子午线被改到了巴黎，以新建的、地标性的巴黎天文台的中心为基准。这样做的一个好处是便于观察太阳经过子午线的时刻，从而精确测出正午的时间。（现在表示上午的"a.m."即是"在子午线前"的缩写，"p.m."则意味着"过子午线后"。）

1494 年，西班牙和葡萄牙签订了"托德西利亚斯条约"，在佛得角（当时刚归属葡萄牙）以西 370 利格（合 1 786 千米）处划了一条子午线。此线以西所有的殖民地归西班牙，此线以东的殖民地则归葡萄牙。当今巴西富饶的东海岸都在这条线的东边，所以现在巴西是个葡萄牙语国家，而它的许多邻国讲的都是西班牙语。

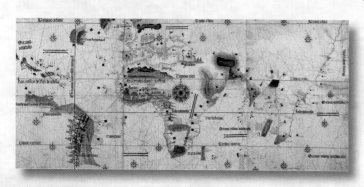

格林尼治英国皇家天文台的"八角厅"，弗拉姆斯蒂德和许多早期的皇家天文学家都是在这里完成大部分观测工作的。它的顶端有个红色的"时间球"，每天 12 点 58 分开始缓慢升起，1 点整开始准时变为下降。在时钟没有普及的年代里，这个红球可以说是发给伦敦居民和伦敦桥附近泰晤士河河面上航船的授时信号。

显然，目前已经知道"太阳的运动"是地球转动造成的视觉效果，所以如果地球正好 24 小时自转一周，那么每 4 分钟转过的就是 1 度。1670 年，神父皮卡德（Jean Picard）算出经度的 1 度在赤道上对应的距离是 110.46 千米。

英国人也决心建设自己的官方天文研究机构，1676 年，皇家天文台在伦敦东部山上的格林尼治正式成立。按规定，天文台由一位"皇家天文学家"担任总管，第一个获得这一职位的人是约翰·弗拉姆斯蒂德（John Flamsteed）。弗拉姆斯蒂德和他的继任者们使用过天文台内很多个不同的位置来定义子午线，当今唯一通用的格林尼治子午线是迟至 1851 年才精确地敲定的。

27 光的速度

为了测出光的传播速度，科学先贤们做出过好几种不同的尝试，不过，由于光的速度实在太快，这些实验的结果全都没有科学意义。这个问题需要从天文学角度上来解决。

奥莱·罗默正在巴黎天文台用他的望远镜和他身边的各种天文仪器进行观测。

当年，老迈的伽利略曾经试图测量光线在两个人（其中一人手持灯笼）之间传播所用的时间，进而通过两人之间的距离算出光速。显然他没能得出有效的数字，但他断定光的传播速度不是无限快的。开普勒对此的想法正好相左，他认为光可以在无限短的时间里传遍整个宇宙。后来，对木星卫星运动状况的观察最终证实光的传播确实需要一定的时间（有趣的是，木星卫星正是伽利略发现的）——1676 年，在巴黎天文台工作的罗默（Ole Romer）观察了木卫一"伊奥"（当时木星的 4 颗主要卫星都已经用跟木星即"朱庇特"有关的神话人物命名了），他把这颗卫星的运动状况与根据开普勒定律算出来的状况进行了对比：当木卫一在运转中正好"藏"到木星背后时，他心里预期着木卫一根据开普勒定律计算应该重新出现的时刻，但他观测到的这一时刻比计算值晚了 10 分钟之久。他意识到，这就是光线从木星传到地球所花费的时间，因为在那段木卫一被木星挡住的时间里，地球离木星变得稍远了一些（那时，对木星和地球在绕日公转轨道上的位置变化进行推算已经不成问题）。罗默由此推算出光线传播的速度是每秒钟 22 万千米，只比当今测出的值少了 25%。

28 天行有引力之常

亚里士多德认为大而沉重的物体下落得会比轻小物体更快。而当伽利略在17世纪前期指出物体不论轻重下落得一样快时，开普勒正在思索究竟是什么力量使得行星一直能在轨道上运行：难道是磁力吗？后来，牛顿带给我们一个清楚的答案——重力，它体现着宇宙最基本、最简洁的法则。

伽利略用实验证实：物体下落所用时间的平方，与它下落的距离成正比。例如，物体从某个高处落地用了1秒，那么要想让物体用2秒落地的话，可以把它从4倍高的地方丢下来。伽利略也证实了下落物体的速度是随着时间而均匀增加的，并由此推论出一发被抛出的炮弹必然沿抛物线上升——抛物线是圆锥曲线的一种，提到"圆锥曲线"又让我们想起了开普勒的椭圆形行星运动轨道。这些现象之间究竟存在着怎么样的联系呢？

17世纪60年代中叶，剑桥大学为了应对当时席卷全英的大瘟疫而停课大吉。在剑桥读书的牛顿回到了家乡的农场，并在乡间发现了万有引力定律，尽管他又过了20年才把这个发现公之于众。（至于那个苹果落地引发灵感的情节，是八旬高龄的晚年牛顿在某次宴会之后给晚辈们讲故事的时候杜撰的。）他认为宇宙中的万物都能产生引力，进而有拉近其他物体的趋势（正如苹果落地），也正是重力决定了日月星辰在太空中的运行轨道。

牛顿认为月球应该是沿一条抛物线绕地球运行的。抛物线，即是物体被地球引力拉回地面时的运动轨迹，但地球表面本身也是曲面，所以只要抛物线上的物体速度足够快，它就会循着地球的曲面一直飞行而始终不落回地面——也可以理解为它一直在"落"向地面，但地面一直在躲它。如果月球的速度变得更快些，那么它绕地球运行的轨道可以从抛物线变成椭圆。

平方反比

牛顿根据月球的运动，推算出地球给月亮的引力很小，小到只是给我们身边一些物体（例如家门口的苹果树）的引力的数千分之一。如果地球作用于苹果和作用于月球的是同一种力，为何在程度上相差如此悬殊呢？牛顿的解答是：引力随距离的增加而迅速减弱。地球表面到地心的距离，只是月球到地心的距离的1/60。而月球受到的来自地球的引力影响，则是若它在地面上时的1/3600（注意3600是60的平方）。两物体之间的引力作用，与它们之间的距离的平方成反比。不论地球与月亮之间、地球与苹果之间、太阳与彗星之间，皆是如此：距离增倍，则引力减弱到原来的1/4，距离增至3倍则引力减弱到1/9，以此类推。同时，物体之间的引力也取决于它们的质量，质量越大，引力越强。用数学公式表达，就是 $F=G(Mm/r^2)$。大写 M 和小写 m 分别代表两个物体的质量，二者相乘，然后除以二者距离的平方，再乘一个常数 G（是谓"万有引力常数"），就得到了二者之间万有引力的强度。这里的 G 不能小写（若小写则表示物体下落时的重力加速度，意义全然不同），它作为物理学的一个基本常数，决定着我们这个宇宙中物质相吸的能力。1789年，人们借助这个公式推算出了地球的重量：$6×10^{24}$千克。对于预测任意两天体之间的作用力与运动，牛顿的定律所向披靡；但若再加上一个物体（即"三体问题"），情况就会变得异常复杂，这个问题最终在300多年后催生了混沌数学。

29 哈雷的彗星

"彗星"（comet）一词的本意是"长发之星"，体现了希腊人对夜空中这类少见而神秘的访客的直观印象。1705年，一位英国天文学家用牛顿的万有引力定律给自己和一颗彗星起了名字。

这个表格选自哈雷在1705年出版的《彗星天文学纲要》一书，表格中的数据说明彗星也是绕太阳运行的，只不过轨道是个狭长的椭圆形。

在上古时期，光临夜空的彗星几乎不可能被人类的目光错过，不像今天这样喜欢隐藏在被电力照亮的夜幕之中。亚里士多德在他有关气象的著作中记载了这些彗星，把它们当成是大气现象，而非天文现象。这一观念维持了很久，即使哥白尼的日心说来临也没有被动摇。虽然第谷已经有证据显示彗星能从比月亮远得多的地方经过，但像开普勒、伽利略这样的名家也依然不承认彗星是一种像行星一样有规律地运动的天体。

不过，英国天文学家爱德蒙·哈雷（Edmond Halley）愿意承认。他把从公元1300年开始的许多彗星记录及其运行轨迹数据罗列起来，进行分析和比较，发现1531年、1607年、1682年这三年里各有一颗彗星的运行轨迹几乎一样。他认定这其实是同一颗彗星的三次光临，并运用牛顿关于引力和运动的定律印证了这颗彗星每76年就会出现一次（即接近地球一次），因此将于1758年再度出现。当他留下的预言成真之后，这颗彗星就叫作"哈雷彗星"了。

对某些人而言不幸

彗星在天幕中的运动路线不拘于黄道带之内。或许正是因此，彗星的出现经常被看作是某些严重灾祸的征兆，进而引发恐慌，同时几乎肯定会在历史文献中留下某些议论。著名的"巴约挂毯"（如下图所示）也含有哈雷彗星1066年回归时的场面，所配文字的意思是"众人见此星而惊诧"，以此暗示着诺曼人即将入侵英国。确实，诺曼人在占据大不列颠岛北部之前，曾经短暂侵袭过英格兰，所以这一年对英国来说真的挺不幸。

30 地球的形状

亚里士多德在其关于地球形状的论文中，已经阐述了大地所含有的物质是如何向中心点坍缩，从而形成一个球的。到了 18 世纪，科学家们则普遍承认地球自转所产生的离心力会让地球产生向外的凸起。但是，凸起发生在哪个方向上呢？

1736 年，法国派往拉普兰的考察队在天寒地冻中测量经线 1 度对应的距离。此后又过了大约 60 年，一条穿过巴黎、从北极向南直到赤道的经线段（等于完整经线圈的 1/4）的距离被用来定义了一个新的公制单位——米：规定 1 米为上述经线段长度的 1/10 000 000。

惠更斯推测地球在两极地区是扁平的，使得地球的形状更像一只橘子（接近于立体几何里所说的扁球体），根据牛顿的引力公式所做的计算能够支持这一假说。法国的笛卡尔（Rene Descarte）则不这么认为，巴黎天文台主管卡西尼（Jacques Cassini，这不是发现土星环缝的那位卡西尼，而是他的儿子——译者注）的实地测量也发现，从巴黎不断向北，纬度的每 1 度对应的距离看起来还略有增加，这意味着地球的形状有点接近柠檬形的趋势，用术语说是"扁长"（prolate）的。两种说法，哪一个才对？

这个问题不但对科学研究来说是重要的，也对地图的绘制有着关键的意义。经度和纬度是建立在地球形状的基础上的，它们要能精确代表每个地点的位置。于是，必须获得地球"经度圈"和"赤道圈"的精细数据，二者并不相等，但不论哪个更大一些，都会影响我们对地球表面 1 度的弧的平均长度的计算。

大地测量任务

对地球形状的研究，形成了一门新的科学——测地学。为了回答这个新方向的两个基本问题，法国国王路易十五派出了两支科学考察队。第一支负责在赤道上测量经线的单位弧长，队伍于 1735 年出发前往西班牙殖民地奎托（Quito，即今天的厄瓜多尔——Ecuador，"厄瓜多尔"这个词在西班牙语里也有"赤道"的意思），4 年之后才带着结果返回法国。与这支队伍同时，另一支队伍被派往斯堪的纳维亚半岛最北部、非常接近北极的拉普兰（Lapland），测出了那里的经线单位弧长。值得一提的是，后一支队伍里还有瑞典人摄尔修斯（Anders Celsius），他后来以把水的冰点和沸点之间划为 100 等份，创建摄氏温度单位体系而著名。通过对比两支考察队带回的结果，惠更斯和牛顿一方获得了毋庸置疑的胜利。地球更像个橘子，而不是柠檬。

31 绘制南天星图

法国人拉卡伊（Nicolas Louis de Lacaille）并非首位描绘南半球所见星空的天文学家，但这毫不影响他在天文史上卓越的地位。

测地学的数据与成果，让我们对地球北半球的形状有了较清楚的认识，但南半球的形状真的和北半球一样吗？18 世纪 50 年代初，拉卡伊带队前往南非，此行主要任务之一就是在南半球测量经线的单位弧长。这次任务带回的结果显示，南半球看来更为扁长，导致地球的形状像一枚鸡蛋（小头朝下），但这一结果不久就被发现是错误的。不过，这次南非考察仍然意义重大，因为拉卡伊在旅途中仔细观察了天球南部的星空，并编定了 14 个在北半球看不到的新的星座。一次旅行确立 14 个星座，这一数据可谓空前绝后。作为一位坚定的启蒙主义者，拉卡伊这 14 个星座的形象没有一个是神话传说中的角色，而全是人们在从事科学活动或艺术创作时使用的工具，包括望远镜、时钟、绘架、雕刻刀（雕具）、唧筒等。这里特别说一下"唧筒"，这是由法国发明家帕平（Denis Papin）设计的一种气泵，后被波义耳（Robert Boyle）用于对气体性质的研究，距拉卡伊的时代已经 100 年了。波义耳的实验，也开启了物质性质研究的大幕，为后人研究地球万物以及宇宙空间都提供了知识资源。

拉卡伊的星图把经典的星座体系拓展到了南天，并以新时代的一些工具形象取代了神话中的人物、器物和怪物形象。

32 用天文来导航

星空可以用来导航，并不是科学家的发现。古代的水手们或多或少都有一些这方面的知识，知道哪些星座可以代表去往哪些目的地的方向。但是，要不管白天黑夜、不论陆地海洋，随时依靠天空来获知自己所在的位置，就必须依靠科学的进步和工业技术的创造了。

17 世纪的探险者们用罗盘和测高杆来量取天体的位置。不过这个工作太精细了，在摇晃的海面上做不成，必须在岸上进行。

古代的航海通常都是沿海岸线航行，或在地中海这样海陆频繁穿插的海域航行，而且即使这样也不是全无危险。远洋的航行只能在气候最合适的季节进行，船长根据太阳升起和落下的方位来确定能前往目的地的大致方向，并且要日复一日确保特定的星座出现在特定方位，以免偏航。这依然不能避免遇到灾害或迷失方向，不过由于船只始终不离陆地太远，即便是在错误的地点靠岸了，也不难确定如何转驶目的地。

当然，也有某些航海者敢于走得更远。波利尼西亚人就普遍习惯于在相距很远的岛屿间穿梭航行，他们使用一种拿很多细棍扎成的器具充当导航图——通过这种神奇的器具可以找出连接着那些零星小岛的洋流在哪里，进而判定自己的位置。不过，坏天气很容易导致航海者迷失方向，因此航海的风险依然很高。

科学的进步

1418 年，葡萄牙的亨利亲王创办了一所航海学校。葡萄牙位于欧洲的最西边，对于他们来说，辽阔的大西洋蕴藏着许多新的机遇。亨利亲王十分热衷于利用造船技术和导航技术的进步去探索大洋，因此也被后人誉为"航海家亨利"。在那个时代，罗盘已经被用于航海 200 多年了（在中国这个时间可能更久），但在测量距离方面，罗盘无能为力。

从亚里士多德到埃拉托色尼，古代的天文学家们早已知道如何通过观察特定恒星的"高度角"（即与地平线的垂直距离）来确定纬度，在向南或向北做长途旅行时，这个方法很实用。从当时出海者的报告来看，他们也懂得这个现象的意义，例如从亚历山大城去往爱琴海诸城市的途中，"北方之星"（即今天说的北极星）会一天天增高，而在返航途中会一天天降低。但在当时，如何把恒星高度角和地理纬度对应起来，仍是个没解决的问题。后来，原本为了研究占星术而做的天文记录被伊斯兰航海者利用起来了，他们将其转写为天文年历——这种工具书记载了一年中每一天的恒星位置和行星位置。

拿到确切的角度数据

测角器、星盘等不少天文工具后来都被运用于航海领域。葡萄牙的大学生们通常使用一种海员用的简单星盘来找准天体，例如北极星。这种简单星盘具有一个完全的圆周形状，外加一个照准仪或者一个可旋转的目镜。为什么要找北极星呢？回答这个问题的最好方式就是假设一些极端情况：北极星几乎正好位于北天极上，而北天极是地球北极在天球上所指的位置；当北极星高度角为 90 度，也就是正在天顶时，你也就正站在北极点，而当北极星高度是 0 度，也就是正在地平线上时（实际情况中这时看不到北极星），你也就航行到了赤道上。

当然，这种方式不如找太阳来得更直接，太阳是天空中最大最亮的天体，也是白昼里几乎唯一的可见天体。天文年历可以告诉我们一年中任何一天太阳在任何可能的高度角上对应的地理纬度，不过，在 15 世纪，天文学家们还正处在努力积累数据以求编制天文年历的阶段。

1757 年，英国的工具制造大师约翰·伯德（John Bird）造出了第一架六分仪。这种仪器的名字源于它那只占 1/6 个圆周（60 度）的弧形标尺。六分仪其实是以一种更小的导航工具"八分仪"（出现于 18 世纪 40 年代初）为蓝本，改进而成的。（其实，天才的牛顿早在 1699 年就制作了类似的仪器，不过他没有公开自己的这项成果。）

1/6 个圆周

测量的精确性事关重大，一两度的误差就可能导致偏航数百千米。星盘拥有完整的圆周，但也受限于自身的相对性——星盘测出的"高度角"是相对于它自身预先校准的一个"地平线"的，如果星盘没有与地平线精确对齐，结果就会有偏差，但在摇晃的甲板上想精确对齐又相当困难。于是，很多更加小巧易用的仪器逐渐发展起来，最终定型为六分仪。这种仪器具有一套镜面系统，能让用户通过反射同时看到太阳和地平线，将两者的影像对齐后，就能从仪器上读出二者的角距。天文年历需要列出的是太阳每天的最大高度角，这就要求测量必须恰好在每天正午，也就是太阳在这一天中离地平线最远时进行。而"正午"这一每天的特殊时刻，不仅对确定纬度至关重要，不久后还在关于经度的测算中发挥了关键作用。

爱德蒙·哈雷在 17 世纪最后几年乘船穿越大西洋途中，绘成了这张大西洋地图。注意图中的那些弧线，它们是"等磁偏角线"——在同一条线上的每一个点，罗盘指出的北方与实际的地理正北都有相同的偏差幅度。海员们只要把罗盘水平放置，然后测出其"磁北"与"地理北"之间的差值，就可以在图中查出自己在哪根"等偏角线"上，进而推测自己的具体位置。

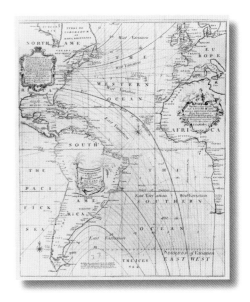

33 经度

利用天体来确定自己所处的纬度，并进行导航是如此简单，仿佛天赐大礼，但要精确地测量自己在东西方向上的位置却远不这么容易。18 世纪，英国政府就测定经度这一重大课题开出巨额悬赏，鼓励各路高人出谋划策。

地球由西向东自转，每 24 小时一圈（有时也慢几分钟或快一点儿），这使得我们看到太阳每天东升西落，夜间群星也从东往西缓缓划过天穹。航海者们通过测定天体的最大高度角，可以确定自己所处的纬度。最常被用来做这件事的天体就是太阳，它每天升起后，至正午达到最大高度，然后逐渐落向西边地平线。如果你在特定一天里，位于相同的纬度线上，那么不论是哪里（比如北京或纽约），太阳的正午高度总是相同的。不过，正午时刻到达这些地点的时间并不相同，比如北京正午的时候，纽约正在夜间。

远方到底几点了

天文学家们知道，地球每小时自转 15 度角，也就是说，当一个地方正午时，比它靠西 15 度的地方将在 1 小时后迎来正午，而若早 1 小时迎来正午，则是在这个地方东边 15 度。那么，这一知识是解决经度问题的突破口吗？比如以巴黎或格林尼治的子午线为基准，比较其他地点的正午与子午线正午的时间差，求出经度？很可惜，钟表技术无法实现这种远程功能，这一解决方法只停留在理论上。另一种理论解决方案是把钟表装在火箭里发射回陆地上，可惜此法又昂贵又笨重，漫长的飞行途中还可能遇到各种问题，因此照样无法付诸实践。

约翰·哈里森的航海钟取消了钟摆的设计，代之以发条。图示的这款钟叫作 H5，是哈里森设计的最后一款高精度航海钟。1772 年，哈里森向英王乔治三世呈送了这款钟表，展示了其精确性，求取关于经度问题的悬赏金，虽未成功，但得到了乔治三世的支持。次年，他领到 8 750 英镑，约合当今 80 万英镑。

令人抓狂的难题

《浪子生涯》（Rake's Progress）是英国讽刺画家荷加斯（William Hogarth）在 18 世纪 30 年代创作的一套系列版画，共 8 幅，其主题是一位贵族公子继承巨额遗产后将其浪费殆尽的一段人生浮沉史。画家也往画面里夹进了当时社会中某些著名的笑料。在该作品的最后一幅画中，主人公被收容进了疯人院，画面中的其他被收容者看上去都在被疯癫所折磨（外加一对赶来看疯子以取乐的时髦阔太太）。请注意中间的两个人，他们正在研究经度问题，其中一个正在向天空求索答案，另一个正对着地图冥思苦想。画家在此传达的信息很明确：研究经度问题会导致你发疯。

当估测遇到钟表

当时，海员们只能靠单纯的计算来估计自己所处的经度。他们从船上抛出一条带有漂浮物的绳索，绳索上打有许多等距的绳结，用每 30 秒内有多少个绳结被拖出船舷来计算航行速度。相邻绳结的距离约 15 米长，如果每 30 秒内只有 1 个绳结被拖出，那么航速就是 1 节（约合每小时 1 800 米，目前精确定义为每小时 1 852 米，也称每小时 1 海里）。这是个很慢的航速，一艘航速为 1 节的船，需要 60 个小时才能在赤道上移动 1 个经度。

这种单纯依靠计算的方法经常造成灾难。1707 年，导航失误造成的一起沉船事故导致 1400 人丧生。这之后，"不列颠经度董事会"成立，负责管理关于经度问题的悬赏。董事会的管理团队由一群相信经度问题可以用天文方法解决的天文学家组成。解决问题的主要思路是测量月亮和其他天体之间的角距，这一理论系统的计算完成，给其技术实现方案奠定了基础。钟表师约翰·哈里森（John Harrison）用了 30 年向董事会推荐他设计的航海钟（或称经度仪），认为自己这款设计的精度足够航海使用，因而够资格赢得悬赏。在他生命的最后一年即 1773 年，他终于获得了一笔奖金，但他的航海钟造价过于昂贵，导致他未能成为官方认定的最终获胜者。

34 地球的年龄

1779 年，一位法国贵族布丰进行了关于地球年龄的科学考察，这是最早的此类考察之一。他的结果挑战了当时"地球形成于公元前 4004 年"的成见。

布丰（Georges-Louis Leclerc, Comte de Buffon）主要是一位博物学家，其次才是天文学家，但他在自然史方面的研究引导着他开始探索关于地球和太阳系起源的问题。他也精通数学，因此不肯相信由《圣经》文本中提到的日子解读诠释出来的地球诞生时间——公元前 4004 年。他的理论认为，地球是在太阳被一颗彗星撞击之后形成的，形成之后逐渐冷却，因此地下至今仍显然比地面更热。他也知道地球的磁场说明地球内部必然有块巨大的铁，因此他指出可以通过考察这块巨型金属的冷却程度来推断地球存在了多久。他把一颗小铁球加温到炽热发光的状态，然后等待其冷却，测出所用的时间，再通过计算将结果推广到像地球那么大的铁球上去，最后得出"地球已有 75000 岁"的结论。虽然这个结果在今天看来仍然很可笑，但它毕竟让当时的人们意识到，地球的历史远比先前传说的要悠久。

布丰也是法国皇家植物园（Jardin du Roi）的主管。他在生物学和天文学方面的影响同样巨大。他关于物种演化的理论为后来查尔斯·达尔文的进化论奠定了基础。

35

更大、更长、更远

一颗新行星

从上古起，除地球外的五大行星就广为人知。没有谁敢说是它们的发现者，因为它们一开始就出现在人类的视野里。不过，第一颗有发现者的行星，也就是太阳系第七大行星终于在 1781 年登场了，发现者名叫威廉·赫歇尔（Williiam Herschel）。

赫歇尔做出这一发现时，只是个从德国移民到英国的、年轻的业余观星人。他白天要从事主业——在英格兰西部的巴斯城担任交响乐团指挥，但他在每个可以自己支配的晚上都会在自家后院里进行巡天观测。他使用的反射式望远镜虽然是自己装配的，但功能强大，效率很高。协助他观测的是他妹妹卡洛琳——这位姑娘也偶尔会去哥哥的音乐会上客串女高音独唱歌手。

在这幅肖像中，赫歇尔手持着绘有天王星（当时还叫"乔治之星"）及其两颗卫星的图画。这两颗卫星是他在 1787 年发现的。19 世纪 50 年代，他的儿子约翰·赫歇尔采用莎士比亚剧作中的两个人物（Titania 和 Oberon）给这两颗卫星命名。后来发现的所有天王星卫星也都用英国文学中的人物命名。

移动的小圆面

1781 年 3 月 13 日，赫歇尔把他的望远镜对准了双子座，发现了一个明显有着圆面的明亮天体。要知道，在望远镜中，除了太阳之外的所有恒星即便再大再亮也看不出圆面。赫歇尔起初以为这是一颗新的彗星，于是在接下来的几个月内跟踪它的运动情况。皇家天文学家马斯基林（Nevil Maskelyne）和其他许多天文专家也都收到了通知，持续监测这个天体。赫歇尔将这个新天体命名为"乔治之星"，以称谢接纳他的这个国家的国王——英王乔治三世。（后来，人们通过对以往观测记录的分析发现，早在此前 90 年，约翰·弗拉姆斯蒂德就看到过这颗星，可惜他把它视为普通恒星，没有深入研究。）多位观测者的数据联合起来后，证实了赫歇尔发现的是一颗行星，也就是第七大行星。由于讨得了国王的欢心，赫歇尔晋升为御前天文学家，并与妹妹卡洛琳一起在国王府邸温莎堡附近得到了新的住处。

赫歇尔的 40 英尺（12 米）长的望远镜，直到 1840 年，这都是世界最大的望远镜。

40 英尺大望远镜

18 世纪 80 年代后期，英王乔治三世委托当时已是世界顶尖天文学家的赫歇尔在温莎堡附近建设最大的天文望远镜。这架望远镜的焦距（即从物镜所成的像到物镜镜片的距离）有 40 英尺，因此也被称为"40 英尺大望远镜"。其物镜是一块反射镜，位于底端，能将影像投射到镜筒顶端开口下方的一个观测平台上。

承前启后

今天，天王星"乌拉诺斯"（Uranus）这个名字来自约翰·波德（Johann Bode）的建议。波德认为，既然土星"萨杜恩"(Saturn)是木星"朱庇特"(Jupiter)的父亲，那么新行星就该以神话中萨杜恩的父亲来命名。波德发现，这颗新行星的轨道也符合他此前提出的"波德定律"：若将 0、3、6、12 这个等比数列（0 是特例）依次分配给离太阳由近到远的各大行星（地球分到的是 6），然后各自加 4，再除以 10，则地球的数字得 1；假设地球到太阳的距离是 1 个单位，那么其他各大行星的得数也会非常接近它们到太阳的距离。在后来人类计算并寻找第八大行星时，这个定律也起到了提示作用。

36 梅西耶天体

梅西耶（Charles Messier）是一位"彗星猎手"，即寻找新彗星的人。但是，他能名垂天文史，依靠的不是彗星，而是他编制的一个目录——这个目录专门收集那些既不是普通星星也不是彗星，但看着有点像彗星的天体。

梅西耶即便看见了天王星，恐怕也不会有太多兴趣，他的观测时间几乎都奉献给了搜寻彗星的工作。他曾经花了许多时间去跟踪某些"候选彗星"——这些东西不是一个亮点，而是呈现出某种模糊的云雾状，但最终发现这些天体根本不移动，因此不是彗星。1781 年，他把这类"冒牌彗星"编成一个目录并交付出版，以方便其他热衷于寻找彗星的人。目录的首版包括 45 个天体，其中第 1 号就是很像彗星的"蟹状星云"。这个目录最终被扩充到 110 个天体，也被称为"梅西耶目录"，收集了不少星云、星团和星系。

梅西耶先生的初衷是帮助寻彗者排除这些天体的干扰，但对于当代观星者来说，由于望远镜已经比那时好得多了，所以这个目录里的天体反而成了非常有趣的观察目标。

37 标准烛光

亮而远的恒星，看起来反而可能不如近而暗的恒星亮，于是人们起初无法测定恒星之间的距离，直到一位年轻的观星者发现了一把可以用来丈量宇宙的标尺。

古德利克（John Goodricke）研究"变星"，这是一种亮度会变化的恒星。1784 年，只有 19 岁的他注意到了一颗日后起到重要作用的变星——仙王座 δ（中文名"造父一"——译者注）。（古德利克后来年仅 21 岁就不幸死于肺炎，据说这与他长年在约克郡的寒夜里坚持观测有关。）

后来到了 1912 年，哈佛大学的天文学家亨莉埃塔·乐薇特发现仙王座 δ 的平均亮度和亮度变化周期之间存在着一定的关系，而当时已经发现了很多颗这种类型的变星（这种变星由此被称为"造父型变星"——译者注）。所以，两颗造父型变星若具有相同的变光周期，则必具有相同的亮度，若我们观测到它们的亮度不相等，那必定是因为它们的距离不同。因此，造父型变星成了可以用来描绘宇宙地图的一种"标准烛光"，或说"量天尺"。

1783 年，古德利克对英仙座 β（中文名"大陵五"——译者注）做了很多观察。这也是一颗变星，但与造父变星不属于同一类型。英仙座 β 每隔三天多一点就会短暂变暗一次，其他时间都基本明亮。古德利克虽是聋哑人，但颇有智慧，他判定这颗星其实是一对双星，其中较暗却较大的一颗在绕着较亮却较小的一颗旋转，前者挡住后者时，英仙座 β 就会短暂变暗。这一成就为他赢得了伦敦皇家学会的最高荣誉——考普利奖章（Copley Medal）。

38 首颗小行星失而复得

天王星的发现，激励了天文学家们去寻找下一颗新行星。因为已知的行星都运行在黄道带内，所以人们开始酝酿一个对黄道带做"地毯式"搜索的计划，每位参加的天文学家都领到一个指定的搜索天区。

当时，并非所有学术名家都认为第八颗行星真的存在。例如哲学大师黑格尔（Georg Hegel）就断定行星最多只有七颗，因为——人的脑袋上只有七窍。幸好没有多少人在乎黑格尔的这个看法，1800 年，匈牙利的冯·扎奇（Franz Xaver von Zach）男爵担起了这项任务，他组织了 24 位天文学家去为新行星而搜遍天空。

西西里岛的天文学家皮亚齐（Giuseppe Piazzi）正在此列。不过，他还未及领到冯·扎克分配的任务，就发现了一颗像行星一样运动的暗弱天体，根据其运动状态计算，其轨道应该在火星与木星之间。皮亚齐意识到这个发现可能引起全欧洲天文学家的后续研究，因此决定在公布发现之前严加确认。但就在这关键时刻，他生病了，而这个天体也因太靠近太阳而无法继续观测了。

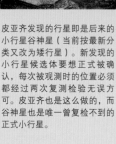

皮亚齐发现的行星即是后来的小行星谷神星（当前按最新分类又改为矮行星）。新发现的小行星候选体要想正式被确认，每次被观测时的位置必须都经过两次复检验无误方可。皮亚齐也是这么做的，而谷神星也是唯一一曾复检不到的正式小行星。

行星侦探

消息传出，一场浩大的搜寻活动就此展开。此时，冯·扎克将一位德国数学天才招至麾下，这就是后来被誉为"数学王子"的、被认为拥有人类历史上最棒的数学头脑之一的高斯（Carl Friedrich Gauss）。高斯当时只有 23 岁，但没有令人失望：他花了 3 个月进行计算，但当他把这颗遗失了的行星的可能轨道数据交到冯·扎克手里之后，后者很快就在 1801 年的最后一天重新找到了这颗行星。

皮亚齐用罗马神话中的农神"克瑞斯"（Ceres）命名这颗星（中文译为"谷神星"——译者注）。不过，尽管这颗星有着像行星一样的运动方式，但实在太暗淡了，而且冯·扎克的团队很快发现它并不孤单，而是有着许多与之相似的天体——1802 年、1804 年和 1807 年，智神星（Pallas）、婚神星（Juno）和灶神星（Vesta）相继被确认，这几颗小行星的命名都是赫歇尔完成的。在整个 19 世纪里，人类一共发现了几百颗小行星，并认识到它们构成了一个围绕着太阳的环带。

高斯虽然以数学家的身份闻名，但他的正式职位却是哥廷根大学天文台台长和天文学教授。在这幅画中，他身边设备的并不是望远镜，而是一台太阳仪（heliometer），他借助它对地球的形状做精确测量，以协助关于复杂曲面的数学研究。

夫琅禾费线

牛顿在 17 世纪创造了"光谱"（spectrum）一词，并认为它有七种颜色。而在 19 世纪初，来自星光的光谱向我们率先证明：漫天闪烁的恒星同样是由一些在地球上能够发现的物质组成的。

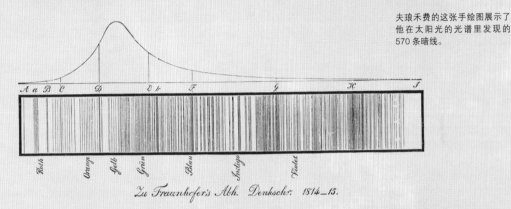

夫琅禾费的这张手绘图展示了他在太阳光的光谱里发现的 570 条暗线。

牛顿曾经像很多前人那样，用棱镜把太阳的光分解成漂亮的彩虹色。光线在穿入和穿出构成棱镜的玻璃时，会发生折射，从而在传播角度上有所偏转。在暗室的墙上开一道狭缝，令看似白色的阳光由此射入到棱镜上，就能将其各个不同颜色的成分拨散开来，因为，不同颜色的光线有着不同的偏转程度。

此后又过了 100 多年，工程技术的进步已经足以把棱镜和望远镜良好地结合起来了。德国光学家夫琅禾费（Joseph von Fraunhofer）在 1814 年制作出了第一台光谱望远镜。这台望远镜的透镜品质极高，足以消除自身的色差，于是也就确保了通过棱镜射出的光谱是足够精确的。

丢失的颜色

夫琅禾费把他的新式望远镜对准了太阳，将阳光聚集到棱镜上，观察太阳光的各种组成部分。乍看起来，他是在重复牛顿做的事情，但其实不然，因为他现在可以通过目镜来观察被放大的光谱图像。结果，他在阳光分散成的彩虹里发现了几百条暗线，这仿佛是说，某些特定的颜色已经被从太阳光中"挖"掉了。

又过了 45 年，有人在恒星的光谱中也发现了这些暗线。新一代的德国科学家本生（Robert Bunsen）和基尔霍夫（Gustav Kirchhoff）成功解释了这些暗线的意义。他俩都是化学家，发现了一个识别特定种类的元素的方式——每种元素都能发射或吸收光谱中的某些成分，且其具体特性不与其他元素相同。太阳光中的暗线，恰好对应于某几种元素的光谱特点（例如钠元素），这就说明，太阳的大气中存在这些元素。这些元素吸收了特定颜色的光，造成了光谱中特定位置上的颜色缺失。因此，这些暗线也被称为"夫琅禾费线"。

40 科里奥利效应

在离蒸汽船的发明还差几十年的时候，无孔不入的经商者们已经学会借助季风来开展贸易航行了。这些季风颇有规律地盘旋在地球表面。但是，海员们一直不明白为什么这些季风几乎从来不走直线。1835年，他们有了答案。

1651年，反对哥白尼学说的里齐奥利（Giovanni Battista Riccioli）指出，地球不可能在自转，因为如果地球自转，那么炮弹轨迹在地面上的投影不可能是一条直线。其实，里齐奥利用来反诘的这个情况本身是存在的，只是当时的大炮射速不足以让炮弹的这种偏转被人察觉。到了19世纪30年代，枪械工艺和物理科学的进步，终于让这种现象能被呈现出来。这种现象后来以法国数学家科里奥利（Gustave-Gaspard Coriolis）命名。科里奥利效应只有在像地球这样旋转的物体表面才可以被观察到。由于旋转物体的表面是在移动着的，所以欲在该表面上沿直线运动的物体总是会划出曲线轨迹。

科里奥利对牛顿的运动定律做了扩展，以便计算在一个旋转着的参考系中运动的物体将有怎样的轨迹，这些物体既可以是炮弹，也可以是风中的空气分子。他证明，飞行物体显示出的这种偏转，可以被视同为一个对它施加作用的虚拟的力。尽管这个力并不真的存在，它只是提供了一种分析问题的方式，但科里奥利确实找到了精确预测飞行物体轨迹的一个办法。如今，不论是分析洋流状况，还是预测地球乃至其他星球上的风向，不论是追踪太阳黑子的运动路径，还是设计火箭升空的轨迹，科里奥利力都起到了重要作用。

运动的物体在北半球有向右偏转的趋势，在南半球则是向左偏。偏转的程度与纬度有关：低纬度地区（即靠近赤道的地方）自转速度随纬度的变化不大，所以科里奥利力较小；而在高纬度地区，自转速度随纬度变化较大，所以科里奥利力更大。

有个关于浴缸或水池的下水孔漩涡的著名传说，说北半球的这种漩涡是逆时针的，南半球是顺时针的，还说这正是科里奥利力的作用。其实，科里奥利力在像下水道漩涡这么小的系统上根本体现不出来，它真正影响的往往是像台风这样庞大的动力系统——这些骇人的气旋在北（南）半球通常确实是逆（顺）时针旋转的。

（图注内文字：在两极最大／北半球／向右偏转／地球自转方向／赤道／不偏转／南半球／向左偏转）

41 恒星视差

对于行星绕着太阳转，以太阳中心构成一个天体系统的观点，曾经有个最大的不利证据，那就是恒星的位置看起来永远不变。地心论者指出，如果地球真的绕太阳转，那么随着地球位置的变化，根据"视差"（parallax）现象的原理，天文学家应该能看到恒星相对于天幕背景的位置发生变化。

我们的双眼和大脑能判断物体的远近，主要依据的就是视差现象。科学前辈们能估计月亮、彗星、行星的距离，也离不开视差。但观察恒星时，即便使用当时顶级的观测设备，它们看上去也是被牢牢固定在天球上的。第谷就曾以此为证据，断定地球不可能在运动。其实恒星同样有视差，只不过它们距离太远，视差太小，难以测出，第谷却坚持"眼见为实"，否定了恒星视差的存在。直到1838年，望远镜技术终于精准到可以看出恒星视差的程度了，贝塞尔（Friedrich Bessel）成功测出了恒星位置的这种周期性偏移现象。根据贝塞尔的观测数据可以推知，恒星与我们的距离之遥远，让行星、彗星等天体望尘莫及。

角分测量

让我们用日常生活经验来举个例子。请想象一下，你坐在火车或汽车上笔直前进，而有一条用许多铁塔架设的输电线路正好与你所在的铁轨或公路垂直。当你行进到电线下方时，在你看来，各个铁塔的移动速度不尽相同。离你最近的铁塔从你身边呼啸而过，与此同时，远在地平线上的铁塔看起来几乎没动。视差也是这样一种视觉现象，它以角度表示，加以一些稍显复杂的几何计算，就能推知观测者与天体之间的距离。计算的结果，可以用 AU 为单位来表示（AU 是"天文单位"，即地球与太阳的平均距离）。视差还定义了另一种天文学距离单位——秒差距，英文可写为 parsec。规定若天体相隔前后半年的视差为 1 角秒，则其距离为 1 秒差距，合206 265 个 AU。（1 角秒等于 1 度的 1/3600。另外一定要注意，秒差距数值与视差数值不成正比！距离我们 2 秒差距的天体，其视差并非 2 角秒，而是因更加遥远而小于 1 角秒。——译者注）

月亮和行星就像那些离我们很近的铁塔，而恒星正如那些远在地平线上的铁塔，后者的视差一直未被天文学家发现，直到贝塞尔使用太阳仪测出了天鹅座 61 号星有着 0.314 角秒的视差，由此开启了测量恒星视差的历史。这一微小数值，说明此星的距离约为太阳距离的 65 万倍，折合 10.4 光年。贝塞尔的结果与当今的精密测量结果仅相差 9%，可谓天体测量工作在手动操作时代的一项辉煌成就。

贝塞尔使用的是夫琅禾费制造的太阳仪。这种仪器的首要功能是测量太阳的角直径，但也可以用来测量恒星视差。它的透镜能把视场里的影像分成两份，操作者再通过精细调节把其中一个影像移动到相对于另一影像的特定位置上，然后读取精确至角分的位置数值。（贝塞尔是通过测量天鹅座61号星与其他恒星之间的角距变化发现其视差的。——译者注）

42 巨镜 "利维坦"

第三任罗斯伯爵帕森斯（William Parsons）在继承了爵位和位于爱尔兰的城堡之后，决心把这块建于 17 世纪的封赏不动产打造成世界最先进的天文台。为此，这里必须建有世界最大的望远镜。

　　这架巨大的望远镜以《圣经》中大海怪的名字 "利维坦"（Leviathan）作为昵称。由于它太重了，所以只能被挂设在两堵高大的厚砖墙之间，这让它看起来仿佛一座天文城堡。帕森斯在几年之间发展了制造更大口径的抛物面牛顿式反射镜的技术，他与牛顿使用相同的合金，分步铸造出自己的主镜，再用蒸汽动力的机器打磨镜面并进行抛光。

　　1845 年，巨镜完工，它的主镜直径达 72 英寸（约 183 厘米）。自重 3 吨的镜片被安置在有 8 吨重的镜筒里，镜筒则靠宽厚结实的木架支撑。通过由绞盘和齿轮传递的力量，镜筒的指向可以抬高或降低，但高度角最大只能达到 60 度。帕森斯用这架望远镜重新观察了一遍已知的星云和所有梅西耶天体，获得的最大发现是不少这种云雾状天体都是由恒星组成的，并拥有漩涡状结构。后来人们认识到，这种天体都是远在银河系之外的其他星系，帕森斯的发现也因此被视为星系研究的先声。

用 "利维坦" 进行观测并不容易。它的目镜安装在镜筒开口的一端，离地面有几十米高。观测者必须登上云梯，进入一只貌似很危险的圆弧形悬笼。悬笼的形状与目镜随着镜筒移动的路线是一致的。

43 算出来的海王星

海王星（Neptune）是唯一的必须用望远镜才能看到的大行星，所以天文望远镜先锋伽利略成了第一个看见它的人。但伽利略并不是海王星的发现者，因为要想确定它是一颗行星，不能只靠天文，还要靠数学。

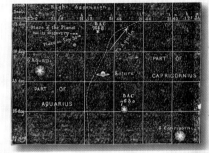

先让时间回到 1612 年。伽利略通过望远镜看到了海王星，却无法察觉它的运动，因为海王星当时恰好处于一个由顺行向逆行转换的阶段，显得几乎不动。当然，海王星不会真的逆向运行，这只是在地球位置上看到的表面现象而已（地球也在绕太阳转，而且速度比海王星快，有时海王星就相对显得"后退"了）。再加上海王星的公转周期本来就长达 164 年，即便是顺行，移动速度也很慢，因此伽利略把它当成了一颗固定在天球上的普通恒星。伽利略之后的两百年内，没有人再提到过这颗星。

这幅 1846 年的图展现了新行星的位置。这颗行星带有蓝色光芒，让人想起海洋的颜色，故最终以罗马神话中海神的名字命名。

天王星跑偏了

与海王星相似，第七颗大行星天王星在被赫歇尔震惊世界地发现之前也曾经几次被别的天文学家看到，可那几位先生都司空见惯地把它记作普通恒星了。但是，他们的观测记录也为计算天王星的轨道提供了充足的资料。不过，当人们持续观测天王星时，又发现它的运动路径与预先的推算不符。19 世纪 40 年代，一个关于该问题的假说开始流行：在比天王星更远的地方还有一颗未知的行星，正是它的引力摄动让天王星偏离了原先计算的轨道。

预知 3 个或更多个天体在运动轨迹方面的彼此影响，需要极端复杂乃至令人感到崩溃的数学计算，这一情况至今也没有改观。无数人曾试图把这个问题归结成简明一些的公式，但全都失败了。然而，拥有最卓越的数学头脑的人们依然直面这个挑战，努力推算这个神秘的未知行星的藏身之处。

这是德国的约翰·加勒。他和他的助手德·阿莱斯特（Heinrich Louis d'Arrest）能成为在真正意义上观测海王星的先驱，是因为勒威耶在法国国内实在找不到一位对此事感兴趣的天文学家。

数学竞赛

顶级的数学家们知道如何借助较简单的计算来寻找复杂的答案。他们假设这颗未知行星与太阳的距离数值会继续符合波德的定律，并以此作为计算的基础。1846 年，剑桥大学（原文为牛津大学，恐误。——译者注）的亚当斯（John Couch Adams）完成了计算，但结果率先获得确认并公布的是他的法国竞争对手——巴黎天文台的勒威耶（Urbain Le Verrier）。勒威耶把自己的计算结果寄给了身在柏林的德国天文学家约翰·加勒（Johann Galle），后者在接到勒威耶的信件后几个小时就按图索骥找到了海王星。

预言"火神星"

在发现海王星的 1846 年之后没几年，勒威耶指出，太阳系还有未被发现的第九颗大行星，它并不在海王星之外，反而比水星更接近太阳。他做出如此推断，是因为当时发现水星的实际轨道也与理论计算值有偏差。勒威耶认为这颗在水星和太阳之间的行星很小，绕太阳转一圈只需要 19 天，并将其预先命名为"火神星"（Vulcan）。此后近 50 年里，他都热衷于搜寻火神星，从未考虑过自己的思路是否有错。1916 年，爱因斯坦用广义相对论解释了水星轨道的这种异常变化。关于火神星的假设由此烟消云散。

44 测算光速

在发现恒星的距离极其遥远之后，贝塞尔建议以"光年"作为度量宇宙的一个单位。1 光年就是指光在 1 年内走过的距离。要想知道这个距离到底是多少，必须先知道光的传播速度。

贝塞尔对天鹅座 61 号星距离的认识，建立在 1725 年布拉德累（James Bradley）计算出的光速的基础上。布拉德累使用一些观测技巧来测算特定对象的速度，这与古罗马科学先辈们的做法是一样的。他得出的光速数值十分详细，只不过比实际值稍微快了一点儿——他认为光从太阳传到地球需要 8 分 12 秒，这个数值仅比当今使用的值少了 6 秒。尽管如此，这一点微小的速度偏差一旦被放大到"光年"的层次上，对应的距离偏差还是相当大的。

1849 年，法国人费佐（Hippolyte Fizeau）在实验室里尝试了测量光速。他把一束光投射到 8600 米外的一面镜子上，并且让光线在途中经过一个旋转着的齿轮。齿轮的转速不是很快，所以不会把射向镜子的光线挡住，但在某个特定的转速上，从镜子那里返回的光线会被齿缘遮挡而变暗。费佐测出了光线从去程通过齿缝到在返程中被齿缘挡住的时间，结合光线走过的距离，求出了他的光速数值：每秒 313 000 千米。这个答案比当今的数值大了 4%。到了 1862 年，莱昂·傅科（Leon Foucault）改进了这套设备，求出了更加准确的光速数值——每秒 299 794 千米，这个数值与当今的数值仅相差每秒 4 千米！

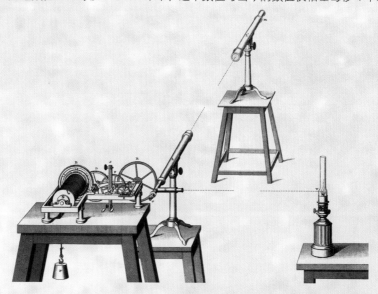

费佐的设备图解，注意光线走过的很长的距离在这里被略去了。灯光首先被投射到一台观察用的望远镜上，并通过其目镜旁边的齿轮射向远方。在远处，光线被另一台望远镜聚焦，然后径直反射回观察用的望远镜。

45 傅科摆

在哥白尼的太阳系模型中，地球在绕太阳公转的同时，还在自转，由此造成了天球在绕我们转动的假象。但是，只要观察者被局限在地面上，就没有任何办法来取得能证明地球确实在自转的第一手资料。莱昂·傅科解决了这一问题，他在巴黎建起了一只巨大的摆锤并推动了它，地球自转的线索终于清楚地呈现出来。

摆的运动服从固定的规律。傅科的天才之处在于他考虑到：如果摆的运动状态表现出任何背离其固定规律的特征，那么就一定是有别的力量在影响它。而对于发生偏离的摆，如果认定它本身其实没有偏转，那就是大地在偏转。

傅科摆在世界各地被演示，这幅图画展现的是伦敦的情形。第一架傅科摆架设在巴黎的先贤祠（Pantheon），那里至今还展示着一个傅科摆复制品。

在摆的运动中

1582 年，伽利略在凝望比萨天主教堂天花板上一盏沉重的吊灯摇晃时，受到启发而总结出了摆的运动定律。他在吊灯在摆动幅度逐渐减小的过程中，心里默默读秒，计算摆动的时间周期，发现不论摆动幅度是大是小，也不论是在摆过来时还是在摆过去时，摆在每个单程上所消耗的时间都是一样的。后来他进一步发现，一个简单的摆，其摆动周期与其吊线的长度的平方根成正比。无论换多重的物体当摆锤，这个规律都未改变，重物和轻物在吊线长度一致的情况下，摆动周期也是一致的。后来，牛顿又阐明了惯性（即物体在自身运动状态发生改变时固有的阻挠特性）能够让摆的摆动平面保持不变。

明显的偏离

1851 年，傅科在巴黎架设了一台沉重的大摆。摆的正下方地面上，有一个铺满沙子的圆盘，摆锤底端的一个尖角能在摆动时划出摆动轨迹。摆刚被推动后，只是平淡无奇地在最初的两个方向上来回摆动，但在几个小时之后，就能明显看出摆动方向开始逐渐沿顺时针方向偏移。除了沙盘（及其下面的大地），显然没有任何因素能解释这种偏移，于是，只能说大地在转动。大约 32 小时后，巴黎傅科摆的方向转了整整一圈，回到初始的位置。（由于很多复杂的几何与物理因素，只有在极点上的傅科摆才是正好 24 小时转一周，不同纬度上傅科摆的转圈周期是不同的，在北京则大约是 37 小时，如果正好在赤道上，傅科摆运动方向不会改变。——译者注）这也再次证明，哥白尼是对的，地球确实在自转。

46 太阳黑子周期

任何学天文的人首先都应被告知：绝对禁止直接用望远镜或透镜去观察太阳！眼睛虽然能在遇到亮光时启动自我保护机制，但对于瞬间袭来的极强光线无能为力，此时视网膜必定会被烧坏。所以，要想观测太阳，必须用一些独特的方法。

简单观察太阳的最佳方法，就是把它的影像投射到墙壁或其他干净的浅色平面上。古代有些天文学家就使用开孔暗室（等于是一部像房间那么大的小孔成像仪）。还有一些人用被烟熏黑的玻璃片挡在眼前。抛开这方面的各显神通不提，很多天文学前辈都注意到了太阳表面的一大特征，那就是黑子。现存最早的黑子记录可溯至公元前4世纪，由中国古代的天文学家们完成。

在接下来的许多个世纪里，不时出现一些关于日面有黑斑的报告，在今天看来，其中很多可以解释为水星或金星正好从太阳面前经过。不过，当伽利略在1612年用自己的望远镜投射出太阳影像时，他发现的可是真正的太阳黑子，于是他持续观察，追踪记录了这些黑子在日面的出没情况和移动规律。

模式的演进

当时有种观点认为，太阳表面几乎盖满了火焰般燃烧着的云，而黑子就是这个云层中偶然出现的空洞，黑子的颜色发暗，说明太阳表面比其"云层"要冷些、暗些。就连赫歇尔也是支持这个看法的。作为18世纪的人，他和很多当时的天文学家一样，都觉得太阳表面完全可以有人生活，只不过被挡在火云下面了，我们看不到。不过，他的一个直觉是正确的：黑子的温度虽然比周围的亮区要低，但仍然高得难以想象。

德国的施瓦布（Heinrich Schwabe）首先发现太阳黑子的出现是有周期的。从1826年到1843年，他用了17年时间深入地记录和研究太阳黑子，但他这趟漫漫征途的最初动机却是寻找"火神星"（我们前文提到过这颗被假想出来的、离太阳比水星还近的、用罗马神话中的火神 Vulcan 命名但最终被证明根本不存在的迷你行星，施瓦布当初相信这颗星存在）。施瓦布认为，"火神星"经过日面时，肯定很容易被

这是意大利耶稣会的天文学家塞齐神父（Father Pietro Angelo Secchi）于1873年绘制的太阳黑子精细素描图。黑子中心是纯暗色的，周围则有半暗的区域环绕。其实黑子中心很明亮，它看起来显得暗，只是因为周边的区域比它炽热得多（并且"黑色的"黑子都是减光以后的视觉效果——译者注）。假如有办法把黑子单独挖出来放到宇宙中，它会是一颗闪亮的小星星。而且，黑子的平均大小是地球的两倍！

小冰期

20世纪初期，英国天文学家蒙德（Edward Maunder）使用了上溯至17世纪的历史观测数据来研究太阳活动的规律，结果发现在1645年至1715年间太阳几乎完全没有黑子。这种时期目前被称作"蒙德极小期"，它会对地球的气候造成重大影响。从17世纪中期直到18世纪中期，地球上的平均气温明显要比正常时低，这样冬天会变得更冷。现在我们也把1645年至1715年称为欧洲的小冰期，当时泰晤士河几乎每个冬天都会冻住，人们在厚厚的冰面上举行"冰雪博览会"。

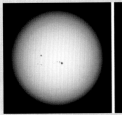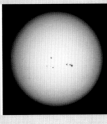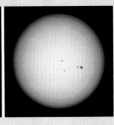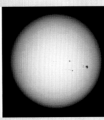

这四张照片是在连续的四天中拍摄的，可以看到黑子会沿着日面漂移，有点像地球上云带的运动。由于太阳也在自转，所以黑子的移动路径也会受到科里奥利效应的影响。

当成一颗黑子，但既然它是行星，它的出现就应该是有规律的。于是，他竭尽所能记录下每一颗黑子的出现时间和位置，最后虽然没有找到"火神星"，却发现黑子的数量以 11 年为周期在增减。

1851 年，施瓦布发表了他的研究成果。瑞士天文学家沃尔夫（Rudolf Wolf）把施瓦布的数据和回溯至 1740 年的其他人的黑子追踪数据汇总起来，确认了这个每隔 11 年黑子数就会达到相对峰值的周期。在两个峰值之间，即便有黑子，数量也较少。

1908 年，美国的海尔（George Hale）证实黑子的出现是太阳磁场扭结导致的。在磁力线扭结得最密集的地方，部分发热物质被强磁场挤开，形成了一个相对冷暗的区域。随着太阳的自转，其磁力线不断自我纠缠，程度越来越剧烈，最终崩盘回到平静状态，这一反复的过程让太阳磁场总是在极大值和极小值之间循环。

47 氦：太阳之气

日全食是研究太阳的另一种机会。当太阳炫目的圆面被月亮完全遮住后，人们有机会看到太阳的高层大气——由稀薄而炽热的气体组成的"日冕"（corona）。

在 1868 年的日全食时，科学家把光谱望远镜对准了日冕，发现其光谱内密布了许多暗线。当时，基尔霍夫（正在随罗伯特·本生一起工作）已经总结出了光谱科学的三条基本规律：第一，炽热的固体发出的光谱是连续的（看起来是白光）；第二，炽热的气体（例如火焰）发出的光谱是一些亮线的组合，也就是集中在某些特定的颜色上（现在叫作"发射谱"）；第三，冷的气体会从白光的连续光谱中吸收掉某些特定的颜色，从而在连续光谱里留下一些暗线（现在叫作"吸收谱"）。正是这些规律，让天文学家们得以通过光谱的形态去推断恒星、星云和星际尘埃的物质构成。

日冕气体的温度足够高，所以它含有的各种元素在光谱中都表现为明亮的发射线。冉森（Pierre Jansen）在 1868 年日全食的日冕光谱中发现了一道醒目的黄色亮线。洛克伊尔（Norman Lockyer）则不断试图用地球上已知的物质重现这条光谱线，直到 1870 年，他宣称日冕含有一种地球上没有的未知新气体，并将其命名为"氦"（helios），这正是希腊文对太阳的称呼。

氦是太阳聚变反应的产物，而这一反应正是太阳能量的来源。下面这幅发射谱图中，就含有让我们发现氦元素的那条醒目黄线。

48 火星上的运河

随着望远镜技术的进步，人们逐渐能看清火星表面的更多特征了。1877年，这颗红色的行星正好运动到离地球很近的地方，提供了几十年一遇的观测良机。不过，这波观测热潮留下的却是一张充满误解的火星地图，其"流毒"直到今天仍未完全肃清。

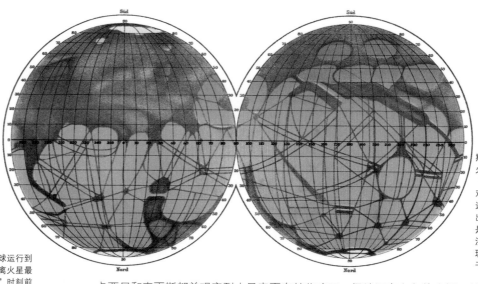

斯加帕雷里1877年的火星图呈示了他称为"海峡"的东西。当代对火星表面的观测显示这些条纹都是一些冲蚀出来的地貌特征，可能是火星早期的一些比较浅的海洋造成的，不过现在这些地区早已完全干燥。

斯加帕雷里是抓住地球运行到太阳与火星之间，且离火星最近的这一"珍贵相会"时刻前后绘制火星表面图的。

卡西尼和惠更斯都曾观察到火星表面有某些暗区，极地还有白色的冰帽。赫歇尔通过他的巨型望远镜进一步发现这些冰帽随着火星的公转也会增长和消退，和地球北极的冰区很相似。另外，火星上的暗区也会增加，赫歇尔认为这是火星冰帽消融后造成了洪水，洪水泛滥所到之处，土地颜色就显得暗。也有人认为这些会在若干天之内蔓延开的变色区域是火星上的春季里生长繁衍的植被。（如今我们知道，火星表面的暗区只是其表面尘土被风暴吹走后裸出岩石层的地方。）

1877年，意大利人斯加帕雷里（Giovanni Schiaparelli）在火星表面的深色"海洋"之间发现了一些条纹，他将其称为"海峡"（canali），并画在了自己的火星详图上。但在这张图被翻译成英文时，这个词被误解为"运河"（canals）——也就是指被人力开掘出的水道。这为一个著名的谣言埋下了种子：人们开始议论火星上居住着一些外星人，他们有相当强的生产能力，并且可能十分好战。著名科幻作家威尔斯在其小说《星际战争》中就贯彻了这种想法。许多天文爱好者开始报告说自己看到了火星上的运河，这些人当中也包括一位富有的美国商人洛威尔（Percival Lowell）。于是，他在美国亚利桑那州的弗拉戈斯塔夫（Flagstaff）建起了一座天文台，最主要的目标就是寻找火星人存在的迹象。洛威尔的天文台最终没有找到火星人，却在1930年"遭遇"冥王星，从而名扬世界。

49

把时间标准化

直到 19 世纪中期，"时间"还是一个本地化色彩很浓厚的概念。所谓中午，不过就是指本地一天中太阳升到最高的那个时候。但是，当给新修的长距离铁路制定列车时刻表的时候，这种纯本地化的时间概念就会把事情搞乱——其实，在工业化的进程中，不仅是天文学，很多方面的事物都不能完全停留在原有的概念上了。

任何一个驾驶员都明白，火车每行走一个经度，本地时间就产生了 4 分钟的偏差。这种现象首先在英国的"西部大铁道"（即伦敦至西部港口城市布里斯托的铁道）上成了实际问题。布里斯托的时间比伦敦慢 10 分钟，这会造成一些不可避免的误解。解决的办法是，在铁路上统一使用"铁路时间"，这是一种人工制定的标准时间，基于在格林尼治测出的一天的平均长度，换句话说，基于格林尼治标准时间（GMT）。

可想而知，这种做法会引起一些对立的情绪。人们习惯于自己家乡的时间，并以之为傲，于是"铁路时间"被看作是一种带有侵犯性的强制规范，难免遇到不解和冷眼。不管怎样，格林尼治标准时间最终还是胜出了。

1883 年，美国决定把全国划分为四个时区。从这幅年代稍晚一些的地图上可以看出，其中的"大西洋标准时区"也被加拿大的一些沿海省份采用着。

世界标准

随着交通系统的速度越来越快，以及瞬间就能把两个相距遥远的地方联系起来的电报网络的逐渐成熟，到 19 世纪 80 年代，标准时间的问题已经成了全球层次上的问题。1884 年，加拿大天文学家弗雷明（Sandford Fleming）在美国华盛顿特区召集了一次国际会议，目的就是制定一个全球标准时间，并在这个标准时间基础上，把世界划分成不同的"时区"。当时，英国和美国都已经以格林尼治标准时间作为职场基准，航海图表也是基于格林尼治子午线的，所以 GMT 当选世界标准几乎是众望所归，剩下的问题也就只有各国选择自己想要处在哪个时区了。不过，法国反对使用 GMT，坚持以巴黎作为首选子午线，直到 1911 年才放弃。

这是位于英格兰布里斯托的交易所，至今使用着一架拥有两根分针的大钟，一根指着本地时间，另一根指着快 10 分钟的格林尼治标准时间。

50

向星空进发
太空旅行

据说最早尝试飞向天空并为此牺牲的人是中国 16 世纪的冒险家——万户，他把自己和 47 支火箭绑在了一把椅子上。火箭点火之后，只见大量的烟雾腾空而起，但人们再也没有见到他。

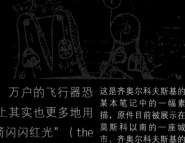

现代人对此事做了情景还原测试。测试表明，万户的飞行器恐怕还没有离开发射场就爆炸了。火箭技术在历史上其实也更多地用于武器制造，而非飞向太空。美国国歌里的"火箭闪闪红光"（the rockets' red glare）那句歌词，指的也是 1812 年英国军舰在对美国港口发起攻击时使用的"康格里夫"（Congreve）火箭。这些火箭其实就是装在金属弹筒里的大型焰火，以燃烧杀伤对手，而且还是英军在殖民战争中从印度人用的火箭受到启发改进而来的。

这是齐奥尔科夫斯基的某本笔记中的一幅素描，原件目前被展示在莫斯科以南的一座城市、齐奥尔科夫斯基的家乡卡卢加（Kaluga）的一座博物馆里。

太空梦想

齐奥尔科夫斯基（Konstantin Tsiolkovsky）是俄罗斯的一位教师，也是最先提出利用火箭飞向宇宙的人。他断定，只需要每秒 8 千米的速度就可以挣脱地球的引力，并且通过创建了一个著名的方程（如今被称为"齐奥尔科夫斯基火箭方程"）向人们证明：只要用超低温的液氢和液氧做成混合推进剂，就足以把火箭加速到能脱离地球引力的程度。时至今日，大型火箭的燃料仍然是液氢和液氧。

齐奥尔科夫斯基在 1903 年出版的书还对太空旅行活动的很多方面做出了预言，包括太空飞船使用双层外壳来抵御流星体的撞击，以及失重给人体健康带来的问题等。后来他还设计了他自己称为"火箭列车"的多级火箭，这种火箭在升空过程中会扔掉那些燃料已经烧空的部分，以减轻自身重量，提升飞行效率。1911 年，他设计出一架载人太空飞行器，其乘员脸朝上躺在飞行器最顶端舱室的地板上，以便应对火箭加速飞行时的超重效应。

1919 年，齐奥尔科夫斯基和他设计的火箭模型合影。虽然他没能造出真正的火箭，但他的成就对后来苏联的火箭和空间技术发展有着极大的帮助。

《砖之月》

太空旅行最早只停留在虚构的故事中，例如 1865 年著名科幻作家凡尔纳（Jules Verne）的《从地球到月球》。不过，凡尔纳的这部作品并不太尊重物理定律，在这方面希尔（Edward Everett Hale）的《砖之月》（The Brick Moon）更胜一筹。尽管后者也是虚构的，但它讲述了人们想发射一个绕地球运转的人造天体，作为易于看到的航标，于是用砖造了一个圆球，并在跨国合作发射过程中遭遇一系列意外的故事。这部小说可以看做是最早的关于人造卫星和空间站思想的记录。

51 地轴的倾斜

天球是天文学家使用的三维星空模型，它以地球作为中心。不过，地球相对于太阳的准确位置本身也一直在轻微地移动着。为了保证星图的精确性，有必要对这一轻微移动进行持续的监测。

从依巴谷的时代开始，天文学家们就知道地球极点的指向有着极为缓慢的摇摆倾向，导致"黄道面"和地轴之间的夹角变化，这一现象被称为"岁差"（precession）。所谓黄道面，是一个假想出来的平面，它在宇宙中对应的是地球绕太阳公转轨道所在的平面。应该注意，它与"赤道面"不是同一个平面，后者是地球赤道在宇宙中所在的平面，投射到天球上即是天赤道，天体在天球上的位置就是以天赤道为基准被描述的。天球上，黄道和赤道交叉，所以有两个交点。

但是，由于黄道受岁差影响而变化，天文学家不得不持续更改天体的黄道坐标数值。1895 年，生于加拿大的美国天文学家纽康（Simon Newcomb）在其《太阳表》（Tables of the Sun）中提出了一套计算地球和月亮相对位置的数学方法，为此事做出贡献。纽康的数据和方法被沿用很久，直到 1984 年才被 NASA 基于对太阳系的最新测量、拥有更长期精确性的改进版所取代。

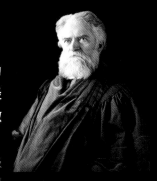

纽康很喜欢发布预言，不过他的预言可不如他的计算那么准。1888 年他曾预言："未来天文学能发现的新知识已经非常少了。"而在 1903 年，他还曾声称以当时的科学已知的材料不可能造出会飞的机器。几个月后，莱特兄弟试飞成功。

四季的成因

季节现象是地球的黄道面和赤道面不重合造成的。当北半球朝太阳倾斜时，它就接受了更多的阳光，气温升高，看到的太阳高度也升高，白昼变长，这就是夏天。与此同时，南半球看到的太阳就会变低，白昼变短，天气也变冷，处于冬季。此后六个月，地球会移动到公转轨道的另一端，届时北半球会朝远离太阳的一侧倾斜，南半球就能享受夏天了。

52 宇宙中的最快速度

爱因斯坦（Albert Einstein）只有十几岁时就严肃而专注地给自己提出了这样一个问题："如果我乘坐一束光去旅行，我会看到怎样的景象？"这个问题的答案后来成了科学史上的里程碑，这是一个综合了时间、空间、物质、能量，用于阐明宇宙结构的学说，它给科学带来的变化之巨大，丝毫不亚于哥白尼的日心说。

这个答案到底是什么？现在是开动你的直觉和想象力的时间了，因为爱因斯坦在 1905 年创立的狭义相对论几乎无法靠日常经验来理解。请问，假如你乘坐在一个光子上，以光速旅行，当你回头看去，能看到什么？你可能会说：除了自己，什么也看不到，因为身后的任何光子（不管是星光还是别的什么来源的光）此时都追不上你。不过，爱因斯坦可不这么认为。另一个问题，

爱因斯坦被当作天才科学家的代表。在无数儿童卡通节目中，那些古怪教授或乖僻发明家的形象都有爱因斯坦的影子：蓬乱的头发和中欧地区的口音。

如果你此时向前看（依然假定你保持光速），会看到什么？你可能会说前面的东西将会以光速的两倍向你冲来。不过，爱因斯坦会告诉你，这同样不可能。他的回答是：前后都能看到，而且似乎一切照旧——因为此时从任何方向和任何地点传到你眼睛里的光，相对于你的速度全都相同。

以太之风

相对论的创立，肇因于 19 世纪盛行的一种关于光的传播的理论，即以太理论。光作为波动，其传播也应该像声波一样，需要介质。声波可以在空气中传播，宇宙中没有空气，但光可以传播，因此应该有一种充塞整个宇宙的最基本的伟大介质，那就是以太——其地位很像两千多年前亚里士多德所设想的"第五元素"。地球一边自转，一边在充满以太的空间中穿行，显然以太也相对于地球而运动。于是，在地球上看来，垂直于地球运动方向发出的光线在被以太传导时，应该会被以太微微拉偏，偏离原来的运动方向。1887 年的迈克尔孙－莫雷实验就是为了测量这一偏移而设计的，结果没有测出任何偏移。这个结果对以太理论形成了冲击，并呼唤着一个比以太理论更好的理论来解释光的传播问题。

空时（spacetime）

　　爱因斯坦的想法是，把所有维度统一到一个连续体中，并与能量和质量联系起来——这个连续体称为"空时"。他指出，质量能够使空时发生弯曲，由此表现出我们看到的万有引力现象。当有质量的物体运动得越来越快的时候，空间会有越来越明显的收缩，于是高速运动的物体在其运动方向上会变短。同时，物体运动越快，其质量也就越大，由此，要想进一步提速，所需的能量也就越多。假如物体要以光速运动，那么物体的质量会增到无穷大，维持运动所需的能量也变得无穷多——这明显已经不可能了。所以说，凡是有质量的物体都无法达到光速，能达到光速的只有质量为零的粒子。时间与空间理论体系的这种改变，在日常生活范围里基本没有影响（尽管通过精密测量可以发现），但它证明：真空中的光速对于以任何速度运动的任何观察者而言都是不变的。

双生子佯谬

　　对于以近乎光速运动的物体来说，时间的流逝会变慢，而这不影响其他物体感受到的时间。例如，假设一对双胞胎中的一个乘上接近光速的飞船去宇宙旅行。飞船上的这位在旅行中并不会感到时间的流逝有何异常，时钟的走动还跟以前一样，但当他旅行一年后回来准备跟孪生同胞一起过生日时，孪生同胞的蛋糕上需要的蜡烛数量却会多出十几根乃至几十根。这就是高速运动将带给我们的事实。

53 宇宙射线

在人类了解到空气也有微弱的导电性之后，到了1912年，一位勇敢的科学家乘坐着热气球向大家展示了这种微弱导电性的成因：从外太空到达地球的射线。

　　所谓带电荷的物体，要么是拥有过多的电子，要么就是缺少电子。在地球上，这种物体最终会失去所带的电荷，因为空气中的带电粒子（离子）会使电子的分布重新趋于平衡，要么把带电物体的多余电子夺走，要么补足它所缺的电子。

　　大气物理研究的进步，揭示了空气中的某些气体分子变成带电离子的原因：它们遭到过高能射线的轰击。1911年，奥地利的物理学家海斯（Victor Hess）开始进行高空气球实验，研究大气的导电性在不同高度上有何变化。他使用一种自己发明的称为"验电器"（electroscope）的设备来检测电荷：这种设备在使用之前被充满电荷，同种的电荷被加在两块金箔上，使之互相排斥。当金箔开始在大气中不断失去电荷之后，就会彼此逐渐接近。海斯发现，越是在高空，验电器里的电荷失去得越快，也就是说高层大气的离子化程度更高，造成这一情况的就是后来所说的"宇宙射线"——恒星爆炸产生的大量高能粒子和辐射持续不断地轰击着地球的大气层。

这是1912年，奥地利物理学家海斯准备飞往5千米高空去检测高空大气的导电性。

54 恒星的类型

到 20 世纪初，天文学家已经有了多种在恒星之间做比较的手段，不再局限于记录恒星的位置以及比较恒星的亮度。但是，纷繁的测量数据也带出了某些看似矛盾的情况，给研究者制造了困惑，直到有两位科学家发明了一种简明的图示，直观地呈现了恒星种类的分布。这种图示也揭开了恒星演化研究的序幕。

恒星的亮度可以用星等来表示。依巴谷创建星等体系时，把他看到的恒星从 1 等到 6 等做了分配；而我们当今使用的星等体系是由波格森（Norman Pogson）在 1856 年重新设定的，他把牛郎星这样的亮星（注意并不是最亮的）定为 1 等。因为赫歇尔曾经注意到，古希腊体系中的 1 等星比 6 等星亮 100 倍，所以波格森把亮度为 1 等星百分之一的星定为 6 等，然后在二者之间以相等的比例均匀地标出 2 等至 5 等。当然，以此比例还可以推出 7 等星以及更暗的星，但肉眼就难以看到了；同时，更亮的天体的星等也可以顺推至负数，例如金星大约负 4 等，满月为负 12.6 等，太阳则能达到负 26.7 等！

每颗恒星都既有"目视星等"数值，又有"绝对星等"数值，前者表示它在天空中看起来的亮度，后者则用于比较它和其他天体的真正亮度。要想知道一颗星的绝对星等，需要知道它的距离，然后结合其目视星等推算出来。另外，通过研究互相绕转的双星，观察其中一颗从另一颗前面掩过时二者总

恒星之间的大小悬殊，或许会让你觉得震撼。这幅对比图中，橘黄色的圆球代表我们的太阳；它背后的是蓝白色的天狼星，大约是它的 1.7 倍大；它前面的红色小圆球是比邻星，也是离我们第二近的恒星，体量跟木星差不多；最前头的小白点是天狼伴星，它是一颗白矮星，比地球还小。这还不算，即使我们假设太阳是那个小白点，也不难找出足以对应于图中蓝白色大圆球的恒星。目前已知的最大恒星是大犬座 VY 星，直径是太阳的 2 000 倍！

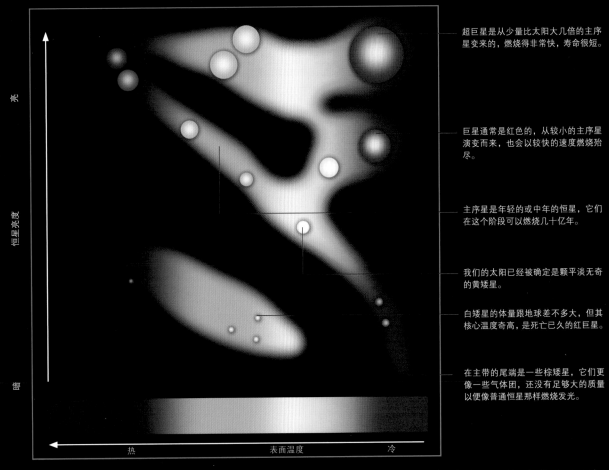

超巨星是从少量比太阳大几倍的主序星变来的，燃烧得非常快，寿命很短。

巨星通常是红色的，从较小的主序星演变而来，也会以较快的速度燃烧殆尽。

主序星是年轻的或中年的恒星，它们在这个阶段可以燃烧几十亿年。

我们的太阳已经被确定是颗平淡无奇的黄矮星。

白矮星的体量跟地球差不多大，但其核心温度奇高，是死亡已久的红巨星。

在主带的尾端是一些棕矮星，它们更像一些气体团，还没有足够大的质量以便像普通恒星那样燃烧发光。

亮　恒星亮度　暗

热　表面温度　冷

丹麦人赫茨普龙和美国人罗素发明的这张坐标图可以简称为"赫罗图"（H-R diagram）。先是赫茨普龙在1911年创建了此图的雏形，当时的两个坐标轴分别是亮度和颜色。两年之后，罗素用表面温度指标替换了颜色（但仍用颜色表示），制成了当今版本的赫罗图。

目视亮度的变化，天文学家就能利用牛顿的引力公式算出这个双星系统的质量。目前已经发现，不同恒星的体量相差极大，而且各种体量的恒星都不少，有的恒星质量是太阳的成千上万倍。

赫茨普龙和罗素

对恒星的分光研究结果显示，恒星们的成分不尽相同。于是，学者们开始根据从恒星大气光谱中推断出的物质组成来给恒星分类，由此发现蓝色的恒星比红色的要热，星光的颜色可以说明恒星表面的温度。1913年，赫茨普龙（Ejnar Hertzsprung）和罗素（Henry Russell）把一些已经查明温度（即颜色）和亮度的恒星标画在了一幅坐标图上，图的横轴是温度，纵轴是亮度，结果发现图中的恒星并不是均匀随机分布的——包括太阳在内的大多数恒星在坐标系中构成了一条主要的斜线分布带，从"热且亮"的一角延伸到"冷且暗"的一角。这些恒星被统称为"矮星"（太阳颜色是黄的，所以是一颗黄矮星）或"主序星"，以区别于图中那些处在它们右上方的恒星，后者接近"亮但不太热"的一角，被称为"巨星"。主序星的左下方有一些"热但不够亮"的恒星，被称为"白矮星"。后来，在研究为什么恒星会出现这些不同的类型时，人类又朝着认识宇宙演化的伟大进程近了一步。

55 弯曲的时空

早在 1796 年，法国公认的天才学者拉普拉斯（Pierre Simon Laplace）就想到，如果存在着某些质量极大的天体，其引力强到连光线也无法从它的表面逃逸出来，我们就看不到它们。此后，这些"黑暗兵团"的成员一直停留在思想实验的层次，直到 1916 年——爱因斯坦的广义相对论终于指出它们确实存在。

在以狭义相对论震惊物理学界之后十年，爱因斯坦成功地把他的思想运用到了我们日常所体验到的宇宙当中，创立了广义相对论，这一理论是对牛顿引力理论的升级换代。尽管牛顿的引力理论可以准确地预测棒球的飞行路线、炮弹的发射轨迹，也帮助莱特兄弟制造出了飞机，但无法很准确地计算出行星的复杂运动。而天体运动方面的一点微小误差，都可能在无垠的宇宙中积累和扩展成巨大的谬误，所以要想更好地了解宇宙，计算必须精益求精。

如果一个遥远的星系与我们之间的连线上正好有一个黑洞，那么这个星系在我们看来就会呈现这种样子，这叫作"爱因斯坦环"。所有直接射向黑洞的光都被吸收了，那些侥幸从黑洞势力范围旁边擦过的光，被黑洞引力折射后传到了我们眼睛里，于是我们就会看到类似这样的光环。

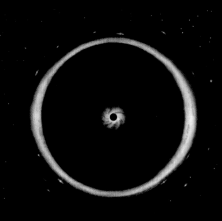

直线拐弯了

为了解决这个问题，爱因斯坦构建了一种有四个维度的宇宙，它将时间和空间看作完全相同的东西。（他最终还指出宇宙中尚有更多的维度不为我们所见。）这就意味着，宇宙所秉持的几何学，与我们所感知到的几何并不完全一样。我们都知道两点之间的最短距离是一直线，然而，在宇宙中，这样的一条直线其实是弯曲的——甚至还可能有调头和扭结。这是因为物质使宇宙空间发生了弯曲，而在曲面上，线条遵循的正是另外某一套几何定律。假设你有一把足够大的尺子，拿它去测量这条弯曲的线，也会发现它确实是它两个端点之间的最短路径，即"直"的，因为这把尺子同样被这个本身就弯曲的时空给弄弯了。

时空弯曲的程度，取决于物质的数量。例如，太阳把时空向自身弯折的程度就比地球要高，或者说太阳制造的"引力阱"比地球的深。地球被太阳所吸引，所以有掉进太阳的引力阱的趋势；所幸地球的公转速度足够快，所以才能绕着太阳的引力阱打转转，不会投入那个"无比温暖"的怀抱中去。有个好办法能让我们更清楚地理解重力的这种作用方式：请想象牛顿看到苹果落地的那个时刻，他其实是坐在一口引力阱里，看着苹果一头扎进这口引力阱。

爱因斯坦的理论还能解释一些更为极端化的物理效应。他预言，在天球上离太阳很近（注意不是实际上很近——译者注）的恒星发出的光线，在经过太阳旁边时会受到太阳引力的影响而微微拐弯，所以我们能看到这些恒星的位置略有偏移。不过，这样的恒星一般总是被淹没在太阳的光辉中，导致我们无法看到，只有日全食的时候才有可能。1919 年，爱丁顿（Arthur

广义相对论表明，所有有质量的东西都会在时空中制造出引力阱。如果某物体的引力阱够深且完全无法逃出，那么这个物体就是黑洞。因为黑洞的定义已经决定了它"完全不发光"，所以，在宇宙中找黑洞就是个比较棘手的任务了。

史瓦西关于黑洞的判断，最初以"史瓦西半径"闻名于世。至于通用的"黑洞"这个称谓，是 20 世纪 50 年代才出现的。

Eddington）借助日全食的机会，率队对此进行了测量，他的数据支持爱因斯坦的理论。相对论被证实了！

史瓦西的贡献

　　1915 年，爱因斯坦在对他的广义相对论做最终完善期间，发布了一些表述物质、能量、时间、空间之关系的"场方程"。正在德军服役的数学家史瓦西（Karl Schwarzschild）趁作战之余，利用这些方程计算了这样一个问题：一颗恒星要想让自身的逃逸速度（即摆脱其引力阱所需的速度）达到光速，至少需要有多大？与拉普拉斯的时代不同，史瓦西已经知道了光速是不可能被超越的，且在真空中是恒定的，所以这些"黑暗兵团"天体（即后来所说的"黑洞"）具有极为奇特的性质。他的得数被称为"史瓦西半径"，也就是"视界"的半径——这是黑洞周围的一个假想的界面，任何进入这个界面之内的物体都无法再逃出来，因此无法再被见到，故称"视界"。史瓦西指出，我们不可能了解到黑洞的内部情况，因为即使是信息也不能自内向外突破"视界"。不过，60 年后，人类又找到了黑洞内部情况的蛛丝马迹，这是后话。

56 宇宙岛

夜空中的星星并非彼此互不相关。伽利略就曾率先发现，白雾状的银河其实是难以计数的小星星连绵而成的。赫歇尔把这些星星画成了一个圆盘状，称为"银河系"，并指出太阳系是银河系的一部分。但是，当天文学家发现了一些貌似远在银河系之外的天体后，问题又来了：银河系在宇宙中的位置到底是主力大将，还是无名小卒？

20世纪早期荷兰天文学家卡普坦（Jacobus Kapteyn）启动了一次范围极广的银河系巡天观测计划。他发现银河系的恒星不仅密集在扁平的盘状区域里，而且这个区域只有中心部分恒星最密，越向边缘处恒星总体上就越稀疏。循着赫歇尔的思路前进，银河系是一个由恒星组成的宽约6万光年的"宇宙岛"（后来发现实际宽度范围5倍于此），其厚度则约1万光年。

于是，大多数人都认同了一个这样的宇宙：宇宙中有个巨大的恒星系统，地球置身其中，包裹着这个恒星系统的，则是广袤无垠的黑暗和虚空。但是，天文学家对这种宇宙模型仍然心存疑虑。其实，赫歇尔当年在观察到一些星云，也就是一些烟雾状、形状模糊不定的光斑时，已经考虑过一种可能性，即这些光斑也像银河系一样是宇宙中的"岛屿"，只不过离银河系非常遥远，但他最终没敢肯定这个在当时看来过于大胆的想法。尽管如此，通过像梅西耶这样的许多编写天体目录的人的努力，人们发现了越来越多的这种模糊状天体——至少对一部分人来说，这些天体恐怕有着非同一般的意义和性质。后来，帕森斯的"利维坦"巨镜发现，少数几个这种模糊状天体拥有和银河系很像的漩涡状圆盘结构。这些模糊光斑到底是银河系之内的结构，还是远在银河系之外的其他"宇宙岛"？问题更加扑朔迷离。要想取得进展，必须拥有更加强大的望远镜。

星系碰撞

早先一些的观点认为，由于星系内部的恒星之间距离遥远，所以星系其实是个相当稀疏的系统。不过，正是恒星之间的微弱作用维系着作为整体的星系，而星系之间的微弱引力也会把两个星系彼此拉近。其实，重力造成星系之间的碰撞，让两个星系融为一个更大规模的整体，也算是宇宙中司空见惯的事。下图所示的是"老鼠（Mice）星系"，它其实就是两个正在碰撞的星系，有一条旋臂在碰撞中被甩开，仿佛老鼠的尾巴。

哈勃使用当时世界上最强大的望远镜进行研究，他的结论证实了宇宙是由不止一个星系组成的，虽然他所知道的星系总数非常有限，远不如今天知道得多。

光与距离

到 1908 年，人类已经在星空中发现并记录了不少于 15 000 个云雾状的光斑。其中，某一类相对较为疏松的团状目标已经被确定离银河盘面比较近，但另一大类目标的距离仍然难以测定，那就是呈现着对称形状的圆盘状或漩涡状天体。对光谱做的分析显示，前一类目标的成分主要是较冷的气体云，其间藏有数量不多的恒星，而后一类目标的光谱则与普通恒星的光谱很相似。

1917 年，探索这个问题的前沿阵地移到了美国加利福尼亚州的威尔逊山，在那里，一架比"列维亚森"更大的望远镜开始观察这些神秘的星云。这架名为胡克（Hooker）的望远镜主镜直径达 254 厘米，在问世之后的 30 年里都是世界上最大的望远镜。它的首批观测目标包括一些"新星"，即一些原本看不到，但突然增亮从而引起注意的恒星，其中有些新星处在云雾状的天体内部的。后者比肯定处在银河系内的新星要暗很多，但如果合理地假设所有的新星都差不多亮的话，就说明这些云雾状天体应该离我们超过一百万光年之遥！这一疑惑又保留了几年，直到 1924 年，哈勃（Edwin Hubble）在威尔逊山天文台辨认出了位于梅西耶天体 M31、M33 和其他几个圆盘状天体里的一些造父型变星，但这些造父型变星比它们在银河系内的同类暗得多。前文提到过，造父型变星具有"量天尺"的作用，因此，哈勃的发现又一次证明这些模糊的天体远在银河系之外。它们正如银河系一样，是由大量恒星组成的"宇宙岛"，它们的旧名字"星云"是不确切的。目前我们还在使用的"星云"一词，严格意义上说只表示那些由星际气体组成的云团。

后来的研究表明，星系之间也有彼此成团的趋势。银河系与仙女座大星系、大麦哲伦星云（其实是星系，只是名字约定俗成了——译者注）和其他 30 多个星系一起，组成了"本星系团"（Local Group），这个名字或许多多少少带点儿人类的自我中心主义。在这个层次之上，本星系团还和 100 多个其他的星系团组成了"室女座超星系团"（Virgo Supercluster）。人类发现的星系数量在不断增加，据目前保守估计，宇宙中的星系总数不少于 1250 亿个！

遥远星系中，最先被识别出来的漩涡状星系是 M81，目前它被称为"波德星系"。这个星系离我们 1200 万光年，其中心是一个质量为太阳 7000 万倍的黑洞。

57 太空先锋戈达德

考虑到焰火表演的历史，可以说使用固体燃料的火箭已存在千年之久了。但是，研制航天火箭的先驱们知道，要想进入太空，没有液体燃料的强力支持，仅凭固体燃料是不行的。于是，设计能够使用液体燃料的火箭就成了当务之急。

能进行太空航行的装置，需要有一部在任何地方（包括发射场、高空、宇宙真空）都能正常工作的发动机。常见的蒸汽外燃机和油料内燃机都不能胜任这个角色，因为离地太远之后空气稀薄，无法供给它们的运转。换句话说，它们的燃料要想放出能量，必须燃烧，而要燃烧就必须得有足够的氧气。

航天用的火箭不采用这种方式，甚至即使简单地用"液态燃料"或"固态燃料"来形容它们也是不够确切的。使用液态燃料作为动力的火箭其实要携带两种燃料，分别被称为"推进剂"和"助燃剂"（氧化剂）。两者被混合时，会发生剧烈的反应，产生大量的热，释放出大量会快速膨胀的气体。这些气体只能从唯一的喷嘴逸出火箭之外，剩下就是运动定律的事情了：火箭向后喷出高速气体，气体也把火箭高速反推向前。另外，使用液体燃料的火箭还有一个巨大的优点：可以随时调整燃料的供应量或切断燃料——这对初期的火箭实验来说无比重要。

太空之梦

戈达德（Robert Goddard）对航天梦想的热烈追求，始自他少年时的一次爬树。当时他假想着一枚满载燃料的火箭正要从他脚下的土地发射升控，飞往火星去执行探险任务。17年之后，1926年，戈达德成功试射了第一枚液体燃料火箭，在随后的多次试射中，火箭速度逐渐接近了声速。他的火箭使用的燃料是汽油和液氧（用低温和高压使氧保持液态）。首次实验在新英格兰地区（美国东北部沿海六个州——译者注）的冰天雪地中进行，以便保持氧的液态状态。火箭升空几秒后燃料就用尽了，箭身坠落在田野中，摔成了很多碎块。他后来设计的几款火箭则奠定了当今火箭结构的一个经典形式：燃料舱是连接到一个位于火箭底部的燃烧室上的。

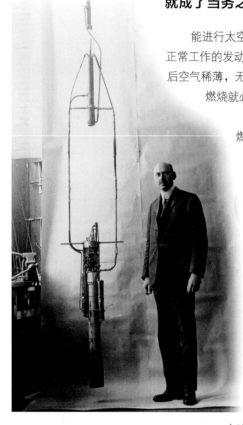

1927年，戈达德与当时的液体火箭部件合影。

戈达德在1937年进行的一次试射。此时，对于被他赞颂为"直达九霄飞天物"的火箭，他在技术上已经被很多其他的人取代了，其中包括正在制造导弹的德国。

58 膨胀着的宇宙

对于在你身边呼啸而过的警车或火车，你一定记得它们的鸣笛声声调突然降低的现象；对于恒星的光芒来说，照样有这个现象，通过分析星光，可以知道恒星是正在向我们靠近还是正在远离我们。1929 年，人们发现大部分恒星都正在离我们远去。

红移

我们的大脑把不同频率的光波转换成不同的颜色，以便我们进行认知。在我们可以看见的光中，红色光的频率低，波长长，而蓝紫色光频率高，波长短。离我们远去的光源，其光波的波长会被光源的运动拉得更长，于是我们看到的它的颜色也会更红；向我们靠近的光源则等于在挤压自身的光波，升高频率，我们就会看到它更偏蓝紫色。

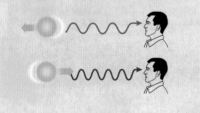

当声源在接近或远离观察者时，观察者会听到声调变高或变低。奥地利的多普勒（Christian Doppler）在 19 世纪 40 年代对这一现象进行了最早的科学描述，因此该现象也被称为"多普勒效应"。但是，可能会让对这一声学现象已经司空见惯的我们惊奇的是，多普勒其实是一位天文学家，他提出这一概念，是为了研究从那些彼此绕转的双星系统所发出的光。

仙女座大星系袭来

1894 年，在位于美国亚利桑那州的洛威尔天文台，斯里弗（Vesto Slipher）把那台巨镜对准了当时还叫作"仙女座大星云"的"仙女座大星系"，因为这座天文台的大老板洛威尔很想知道像这样的漩涡状天体到底是不是正在炽热的尘埃与气体中破茧成蝶的、尚且年幼的其他"太阳系"。 斯里弗对这个目标做了光谱分析，以便研究该天体是否有铁、硅等足以宣示岩石质行星存在的元素，结果发现的却是这个天体的光谱比预期的整体偏高，将其向低频端平移，才可得到正常的光谱。按照多普勒效应的理论，这说明仙女座大星系正在向我们疾驰而来。

所有天体都在移动

斯里弗经过 20 年的巡天研究，发现许多远在本星系团之外的遥远星系的光谱都向红端（低频端）明显偏移，即"红移"（redshift），这意味着它们都在以惊人的速度远离我们，而且它们彼此之间也越来越分散。有些星系的移动速度达到了每秒 1800 千米。1929 年，哈勃又发现星系的红移幅度与星系的距离成正比，这说明宇宙在膨胀，变得越来越大。

哈勃在 20 世纪 20 年代末使用胡克望远镜对星系的红移情况做了普查。胡克望远镜口径达到 254 厘米，架设在威尔逊山顶（海拔 1700 米，是加利福尼亚州最高处）的晴空之下，是当时全世界能力最强的天文望远镜。

59 最后一颗大行星？

同时，海王星的轨道受到的扰动，似乎说明在它之外还有其他的未知大行星，即"X 行星"。

洛威尔天文台从 1906 年起就不断搜寻黄道带，以寻找海王星轨道之外未知的大行星。1916 年，洛威尔去世，天文台的班子开始就研究基金的使用问题与洛威尔的遗孀康斯坦丝（Constance）发生分歧，康斯坦丝终止了这一搜寻工作，直到 1929 年方才恢复。当时负责日常搜寻工作的是年仅 23 岁的研究助手汤博（Clyde Tombaugh）。汤博用了一整年的时间给星空拍照，同一片天区每隔两周就要重新拍摄一次，以便与旧照片做对比，寻找会移动的星星。1930 年，他真的发现了一颗缓慢移动的星星，此事迅速成为各国媒体的头条新闻，这颗新行星的命名方案也如同潮水一般从世界各地涌来。（康斯坦丝的方案是用她老公或她自己的名字命名。最终，这颗既寒冷又离太阳很远的新行星以冥界之神普路托（Pluto）为名，即"冥王星"，这一方案来自一位年仅 11 岁的英格兰女学生。不过，冥王星实在是颗很小的大行星，2006 年，它被国际天文学联合会降级为"矮行星"，而能够扰动海王星轨道的"X 行星"目前我们认为不存在。

汤博使用一种叫作闪视比较仪的设备，在同一天区的新旧照片之间反复进行切换观察，若有任何星体位置发生改变，这样做就很容易注意到。

60 恒星之死

在 20 世纪 30 年代，白矮星这种温度奇高但体积极小的天体，得到了天文学界的热烈关注。目前已确认白矮星上的物质非常致密，其原子之间的距离比在地球上小得多。这种诡异的物质存在方式，让一位正在远渡重洋前往英国的印度天文学家陷入了深思。

钱德拉塞卡（Subrahmanyan Chandrasekhar）知道，白矮星上致密的"诡异物质"是恒星演化终结后，其残余材料在强大的重力作用下坍缩而成的。白矮星物质的原子彼此不是以化学键相连的，而是已经被挤压到一起，仅凭电子之间的排斥力来避免彻底靠拢。与太阳质量相同的白矮星，体积却只有地球那么大——重的星球反而更小，这正是白矮星诱人思考之处。

他计算了这样一个问题：如果要让白矮星物质的电子之间的排斥力也抵挡不住，从而继续坍缩，则星体至少需要多大的总质量？计算的结果是太阳的 1.4 倍。这一数值就是"钱德拉塞卡极限"。1931 年，他的这一理论被发布，由此引发了一场学术论争：大于这个质量的恒星死亡之后，到底会不会停留在白矮星状态？

超新星和中子星

大质量恒星的一种可能的归宿是变成黑洞，不过这种预言还完全停留在理论上，况且，数学演算表明只有质量至少为太阳10倍以上的恒星才可能走这条路，那么，质量不到这个级别的大质量恒星在燃尽后又将何去何从呢？1934年，兹威基（Fritz Zwicky）和巴德（Walter Baade）指出这些恒星会在一次大的爆炸中结束自己的生命，也就是超新星爆发。他们还指出，超新星爆发正是宇宙射线的来源，其剩余物是中子星，即完全由中子组成的星球（中子的存在，是在此前一年刚刚被证实的），这种星球的密度更高，假若太阳的质量都被替换成这种星球的物质，那么太阳的直径会只剩12千米！巴德和兹威基还使用大视场的望远镜搜寻并发现了几十颗超新星，不过等人类真正发现中子星，时间又过了几十年。

兹威基和巴德的理论认为，巨星终结时，其自身的巨大重力会把原子压垮成一堆中子，并释放出一股很强的能量，形成如左图那样的景观。这种情况看来很像增亮的新星，但能量级别要比新星高不少，所以被称为"超新星"。

61 暗物质

宇宙中的大部分物质是我们看不到的。1932年，奥尔特（Jan Oort）发现，根据银河系内已知的物质总量，银河系的旋转速度实在快得不正常。兹威基在观察其他星系时，也发现了类似的情况，他认为，一定还有很多看不见的物质在起作用，并称这些神秘的物质为"黑色物质"，也就是今天所说的"暗物质"。

兹威基指出，宇宙中那些看似深暗虚空的地方，其实并非真的空无一物，而是可能存在很多不会发光的物质，而我们也由此无法直接观察到它们。不过，它们的万有引力仍然可以被侦测出来。这一理论诞生后四十年内都少人关注，毕竟，要研究这种无法观察的东西，实在太过困难。到了20世纪70年代，人们终于通过观察光线的引力透镜效应，对暗物质的数量有了一些了解——光线在通过暗物质区边缘时，弯折的程度越大，说明这里的暗物质越多。目前，已经确认的暗物质总量竟然达到已知的传统物质总量的5倍！没人说得清暗物质到底是啥，目前有两种主要答案：一是"大质量弱相互作用粒子"（WIMP）——它们数量众多但几乎没有可以侦测得到的相互作用；二是"晕族大质量致密天体"（MACHO）——这个名字很有趣，因为它意味着暗物质也可能包括黑洞、中子星和棕矮星。当然，暗物质也有可能根本不存在，我们的疑问还另有未知的解释。

这是一幅示意图，尝试解释"暗物质"这种我们无法直接观察到的东西。

62 太阳的能量

在地球的历史上，太阳始终扮演着重要角色。它供给地球光和热，使生命得以滋长。与太阳不可或缺的地位相比，我们对太阳的工作机制了解得或许有些迟了，直到 20 世纪 20 年代量子物理发展起来之前，这个问题的答案一直处在迷雾中。当今，我们已经确知太阳是颗十分平凡的恒星。

人类很久之前就知道太阳光的白色是由彩虹中的各种颜色组成的了，17 世纪 70 年代，牛顿发明了"光谱"一词。1800 年，赫歇尔重复了牛顿的光学实验，把阳光分解成各种颜色成分，不过比牛顿多用了一支水银温度计（在牛顿生活的时代，这种温度计还没发明出来）。赫歇尔把温度计伸到不同颜色的光中，测量它们所含热量的比例。他发现，当温度计位于红光区域之外一点儿（但不是红光区域中）时，温度计的示数上升得最快。这说明太阳（以及其他恒星）的热能来自一种看不见的"红外"（意为红光波段之外）辐射。

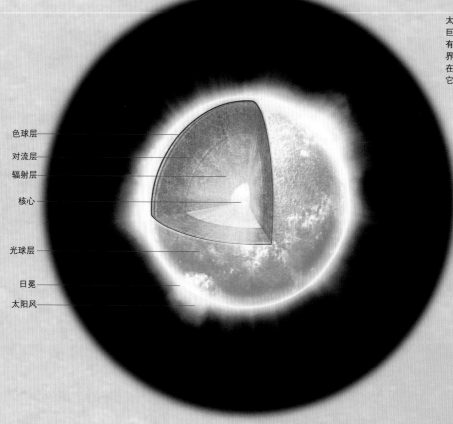

太阳是个主要由氢原子组成的巨大的等离子体球。它的直径有 140 万千米，但这在恒星世界中极其一般。太阳的质量正在逐渐地转化为能量，每秒钟它都会减轻 400 万吨。

色球层
对流层
辐射层
核心
光球层
日冕
太阳风

从热到冷

用来描述能量运行规律的"热力学"的法则表明，热能总是自发地从相对较热的地方向相对较冷处传导，所以太阳显然是极热的。19 世纪 50 年代，人们认为太阳应该是由高温液体组成的。热力学的领军人物开尔文（Kelvin）爵士认为，太阳会发光是这个巨大的炽热液体球的重力势能转换为热辐射的结果。

到了 20 世纪，核物理学的"教父"卢瑟福（Ernest Rutherford）提出，太阳的热来自其深处的放射现象。不过，20 年代，英国天文学界的巨擘爱丁顿加入了争论，此前不久他刚因为证实了爱因斯坦的广义相对论而备受赞誉（他的测量结果其实颇有些误差，不过历史完全可以谅解他）。他推断太阳里的原子在放射作用下失去了外层电子，留下的是个滚烫的等离子体"火球"。

障碍重重的中层

氦是在太阳表面被发现的元素，不久后即被证实是一种仅比氢元素重一点儿的"超轻量级"元素。爱丁顿指出，氦是由氢原子聚合在一起产生的，这一"聚变"过程是太阳的光与热之来源。当时还有种观点，说金属元素是恒星的主要组分，因为在恒星光谱中可以明显看出多种金属元素的存在。但 1925 年，佩恩（Cecilia Payne）证实氢、氦在恒星中的含量更高，远比地球上多。最终，德国物理学家贝特（Hans Bethe）在 1939 年描述了原子在发生核聚变时是如何一步步变化的。

聚变的发生需要强大的压力，即便是太阳，也只有其核心部分的压力能强到那个程度。能量从日核被辐射出来，然后就开始往各个不同方向散去，在致密的等离子体中来回乱撞、反弹。要经过数千年，它们才能到达稍靠外一些的"对流层"，在那里随着浩大的热等离子上升流一起奔向太阳表面。至此，这些能量才以光和热的形式射向宇宙，其中一小部分会在 8 分钟之后到达地球。

核聚变

氢原子结构简单：一个带负电的电子围绕一个带正电的质子转动。在恒星的等离子体中，原子们相互猛烈撞击，所以电子和质子都分了家。一般情况下，质子们因为都带正电荷，会彼此排斥；但若是在恒星核心区，它们就会在极其强大的压力下挤在一起，不再轻易分开。当然，氦原子核的形成过程绝非两个质子连接在一起这么简单，而是包括多个阶段和步骤。首先是必须由一个质子和一个中子（中子与质子几乎一样大，但不显电性）相撞并且联合起来，形成比氢重但比氦轻的一种核，可以称为氢的一种同位素。两个这种同位素彼此联合，才能构成一个氦核（于是，氦核包含有两个质子和两个中子）。那么中子是从哪儿来的呢？原来，当两个氢核"合体"时（二者都只是一个质子），其中一个会丢失很少的一点儿质量，从而变身为中子。而这散佚出的微小质量就会变成辐射，以及其他一些古怪的粒子，比如数量极多却很难侦测到的"中微子"。

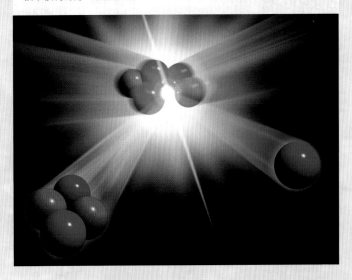

63

飞天炸弹

首次进入太空的人造物体是导弹，以人类的天性看，这一情况或许不足为奇。这些导弹的飞行轨道中有一段已经进入太空，但其最终任务仍是回到地球上去摧毁特定的目标。

现在火箭的先驱们梦想的是头顶的星空，但火箭技术的不断发展却根植于武器制造的需要。20世纪30年代，战争的阴云逐渐密布，兵器工业的市场前途也随之逐渐看好。不过，在苏联，火箭专家科罗列夫（Sergei Korolev）以莫须有的罪名被斯大林抓了起来，使得苏联导弹技术研究陷于停滞。在美国，戈达德在发展液体燃料火箭方面做出了不少成果，但美国军方并未优先考虑他的工作，因为固体燃料火箭的成本正在降低，也更加适合炮兵部队使用。

决定性武器

苏、美两位领军科学家的遭遇，给了德国一位年轻的火箭工程师以机会，他就是冯·布劳恩（Wernher von Braun），也是另一位液体燃料火箭顶级专家奥伯斯（Hermann Oberth）的研究助手。值得一提的是，奥伯斯并非布劳恩唯一的领路人，因为直到1939年纳粹党完全掌控德国的学术机构之前，德国火箭界一直与戈达德有频繁的接触，并从戈达德那里吸收了不少关于导航系统与冷却系统的想法。

其他国家在远程导弹武器方面难有发展的一个原因在于缺少像德国那样的专家团队，许多专业人才被抓进了德国的集中营，成了奴工。当第二次世界大战的浪潮已经从许多受侵略的国家反扑向希特勒时，希特勒便不断加大对"决定性空中武器"的研发投入，以求打击对手们的核心目标。首款这种决定性武器是V-1（外号为"小赛车"即doodlebug），一种携有爆炸装置的无人驾驶飞行器，能经过预备飞行然后从天坠下。不过，V-1很容易被防空炮火击中，于是德国又研制了V-2火箭，它的箭身长达14米，最高能飞到100千米，并打击320千米范围内的任何目标。它落向目标时的速度可达声速的4倍，以当时的防空系统是无法预警和拦截的。

首枚V-2于1944年试射成功，随即便倾泻向英国、法国、比利时等地。V-2确实给反法西斯国家带来了不少恐慌，但由于人防工作得力，V-2实际造成的伤亡并不多：每枚V-2平均只能夺走2个人的性命。

V-2是极为昂贵的武器，其研发花销甚至远高于曼哈顿计划研制原子弹。第二次世界大战结束后，盟军还发现了德国研制的能从水下发射的一种V-2，显然德军曾想用这种版本的V-2袭击美国。

64 "火箭人"

贝尔 X-1 飞机可以说是长着翅膀的子弹。人们设计它只有一个目标，那就是飞得比声波还快。但人体在这么高的速度下还能正常运转吗？必须有飞行员敢于率先尝试。1947 年，叶格（Chuck Yeager）成了勇敢的先行者，而他的凯旋则为载人火箭飞向太空奏响了序曲。

【图注】为纪念这次历史性的飞行，叶格改称 X-1 为"迷人的格莱尼丝"，以使他的妻子分享这份荣誉。

X-1 是一种有翼、有驾驶舱的液体燃料火箭，在 1945 年被制造出来。当时，喷气式飞行器还相当稀少、零散，火箭技术的应用则方兴未艾。早在 1928 年，德国人李比希（Alexander Lippisch）就设计出了机身装有两个固体燃料火箭引擎的滑翔机。在第二次世界大战的末期，一种液体燃料的火箭飞行器 Me-163（字母 Me 代表制造商梅塞施密特公司）也试制成功，它与李比希的飞行器有着相似的翼，时速可以达到 930 千米，这一速度与现今的民航客机相当。不过，这款飞行器很难实用，只飞行一会儿就没有燃料了，还经常发生爆炸事故。

宇航时代呼之欲出

成为贝尔 X-1 的试飞员，其危险性也可想而知。X-1 的机翼特别扁平，将飞行时的空气阻力降到很小，有利于加速，但同时也让飞行的稳定性变差，就算可以飞，也不擅长以低速飞行。因此，X-1 无法自行起飞，必须由一架改装过的轰炸机（当然还需要另一个飞行员）带上天空然后释放，随后才可以启动火箭引擎，逐渐下降。

X-1 由属于美国军方的贝尔（Bell）公司和美国国家航空顾问委员会（NACA，即后来的 NASA）进行带飞行员的测试，飞行高度和速度是逐次增加的，以便稳妥地观察其表现。1947 年 10 月，终于到了尝试突破声速的一测，叶格担任了试飞员。这绝对是一次结果难料的试飞，谁也不敢保证飞行器的控制系统在突破声速后还能正常工作。还好，叶格在听到空气因声速被突破而发出的那声巨响后活了下来，成了当时世界上以最高速度运动过的人。后来，X 系列飞行器飞得更高更快了，到达了大气层的顶部，也就是太空的边缘。有些飞行员也得以把飞行服换为宇航服，成了首批宇航员。

65 大爆炸

如果宇宙一直在扩张，那么过去的宇宙必然比现在的小。如果沿着这个思路继续回溯，则宇宙曾经只是一个很小的点。若如此，那么宇宙是如何诞生的呢？

17 世纪，在英格兰的伍斯特曾经有一位本特利教士（Reverend Richard Bentley）用一个很有创意的提法向牛顿提出了质疑：如果万有引力定律是真的，那岂不是说整个宇宙中的物质最终会被引力拉到一起吗？牛顿当时给出的回答是：由于宇宙无限广大，所以依然稳定，这种事也不会发生。虽然本特利没有驳倒万有引力定律，但他的问题提得很有意义，牛顿给他的回答也不全对。这一问题说明，只要假设宇宙是有限的，它就不可能永恒，万有引力那种拉近一切的趋势必将破这种恒定状态。

天行不总有常

过了 250 年，爱因斯坦在理论上构造出了一个稳定的宇宙，但不论这个宇宙是有限的还是无限的，他都对自己的这番计算不很满意。他的接班人——比利时的勒梅特（George Lemaitre）教士作为新一代学术明星发现，现实的宇宙只可能处于一种动力学状态中，要么是膨胀，要么是收缩。后一种情况看来可能性不大，从各种可能性上来说，恐怕宇宙都早已不存在了；而在哈勃 1929 年取得的关于宇宙膨胀的证据引导下，勒梅特猜测宇宙的动力学演化可能开始于一次无与伦比的大爆炸。他凭借充分的理论直觉指出，目前可观测的宇宙中所有的原子都是从一个"原初原子"炸裂出来的，宇宙是从一个"奇点"朝各个方向展开成巨大尺度的。

这一观点得到的赞扬和毁谤同样多。反对阵营中，一位杰出的天文学家也由此赫然留名青史，那就是霍伊尔（Fred Hoyle）。他将勒梅特的想法讥为"大爆炸"，并转而提出稳恒态宇宙模型，他认为，宇宙中的物质是在宇宙膨胀过程中逐渐出现和增加的。

1948 年，阿尔菲（Alpher）、贝特（Bethe）和伽莫夫（Gammow）共同署名发表了一篇论文（三位作者的名字恰好与希腊字母的头三个形成谐音），指出宇宙正是通过原始粒子的不断发散才拥有了当今众多的物质和复杂的结构。这一过程与宇宙不断冷却的过程如影随形，让宇宙从炽热致密的过去逐渐走向冷寂稀散的未来。至于大爆炸初期那个混乱嘈杂的婴儿期宇宙的存在证据，必须依靠更好的观测设备和长时间的努力去取得。

"大爆炸"这个称呼容易让人联想成一片黑暗之中突然出现一个亮点并急速向外炸开。实际上并非如此。这一事件是在全宇宙内同时发生的，只不过当时的整个宇宙空间都缩在一个"奇点"里面罢了。

66 原子工厂

太阳系内的物质，超过 99% 都属于太阳本身，其中绝大部分又都是等离子态的氢和氦。但是，在地球上，这两种元素在相对稀少，而较重的元素，也就是结构较为复杂的原子居多——氧、碳、铁占据主要位置。那么，这些重元素都是怎么来的呢？

大爆炸并未产生原子，确切地说，至少一开始没有产生原子。在极端高温和嘈杂的婴儿期宇宙中，物质和能量尚属同种存在，有待分化。当宇宙开始扩展时，其温度下降，物质稍稍散开，方才产生了亚原子级别的粒子，例如夸克和电子——这些都是构成原子的材料，有些带电荷，有些不带。用专业术语说，夸克还有不同的"味"。原子则是由它们组成的一种奇特、精巧的小系统。

在物质粒子形成的同时，也形成了一些正好与之相对的东西，即反物质粒子，例如正电子、反夸克等。物质与反物质不能共存，二者相遇时就会"湮灭"（annihilate），双双变成辐射——显然，字面上的"湮灭"不完全代表实际情况，这种反应仍然有自己的生成物。出于某些至今也没能很清楚地知道的原因，当初的物质总量是多于反物质的，这样，在大量湮灭事件发生之后，才能剩下一些物质，来构成太阳、行星、你、我以及其他数千亿个天体系统。（又或许，那些反物质只是聚集到宇宙中某些特定的区域去了，不过我们至今也不知道何时才能发现这样的区域。）

20世纪40年代，霍伊尔发现：年老星系中的重元素要比年轻星系中的多。这说明各种元素并不都是在最初的大爆炸中一次生成的。

太初至简

在湮灭阶段结束后（这个阶段在大爆炸后不足10秒就完成了），幸存的亚原子粒子就粉墨登场，开始构成原子了。每三个夸克能形成一个质子，而孤立的质子正是最简单的原子核。大约过了37万年，宇宙已经冷却到了足够的程度，为带正电荷的质子充分与带负电荷的电子结合创造了条件。在这一时期，单个的质子与单个的电子首先大量配对结合，这便是第一种原子——氢原子。早期的宇宙活力充沛，于是某些氢原子又彼此结合，诞生了氦原子。但到了这个时候，原子间的距离已经越散越远，氦原子之间很难再有机会结合了。到我们今天为止，宇宙里所有氢原子中的3/4仍然是那次大爆炸直接制造出来的。

粒子加速器

对科学的好奇心，使得人们要制造这种设备，以便把粒子们撞到一起，看它们融合后能生成什么。这种设备的出现，甚至比天文学界出现第一个关于元素起源的理论还要早一些年。在加速器中，通过强劲的电场作用，原子核会按照预想的路线飞行，然后猛地对撞。最早的一种加速器叫做回旋加速器，是让较轻的原子核沿着螺旋状轨道射出，击打到由较重的元素组成的靶上。第一种人造元素也是通过这种加速器诞生的。下图拍摄于1947年，展示的是稍晚些年出现的另一种加速器，即直线加速器，粒子在其中沿直线飞行。这种加速器是为医学上的放射疗法而开发的。

氢与氦
氦与氮
氦、碳和氖
氧和碳
氧、氖和镁
硅和硫
铁和镍

在相邻层面交界处，原子核发生反应。

在恒星内部，各种较重元素的综合体能够俘获氢核，参加新的反应，生成更重的元素。

一颗处于演化末期的红巨星：重元素的核合成正在进行。在其不同层面，依局部占优的元素种类不同，发生的反应也不同。最中心的区域生成的是铁和镍这样的元素。

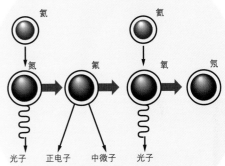

在恒星体内

　　在接下来的数十亿年里，重力把氢原子逐渐聚拢成氢云，这种云气又逐渐形成球状，当这个气体球足够大之后，其核心区域的温度就会升高到足以使之熔融发光，第一代恒星就此点燃。在 20 世纪 50 年代，一个由 4 名天体物理学家（恒星科学家）组成的小组开始研究恒星在其一生中的内部情况变化，这个小组的名称缩写是 B2FH，成员分别是杰·博比奇（Geoffrey Burbidge）、马·博比奇（Margaret Burbidge）、福勒（William Fowler）以及霍伊尔。他们使用原本为测试核武器而开发的计算机模拟程序，来探究恒星的核心区发生的物理活动，由此摸清了"核合成"的基本知识。正是恒星内部的核合成过程，生成了比氢和氦更重的各种原子。

　　可供一颗恒星燃烧的氢并不是无穷无尽的。当氢的剩余量越来越少时，等离子体的氦就开始占据支配地位。氦核的重量大约是氢核的 4 倍，因此它们能在恒星体内形成一个更加明确的中心反应区。同时，所有残余的氢也都会继续反应，变成氦。于是，恒星的这个核心区会变得更热更大，导致整个恒星的体积开始扩张，变成一颗红巨星。这个阶段的恒星，直径比它在矮星阶段时增大了几百倍，但其表面散发的热能也比过去稀薄得多，导致表面温度降低，从而在颜色上发红。宇宙中绝大部分的恒星都将面临这种命运，我们的太阳在大约 50 亿年之后同样如此。

　　在红巨星的核心区，三个氦原子核会聚变为一个碳原子核。当氦逐渐被消耗掉后，碳又会逐渐产生出氧、钠、氖以及更重的元素。元素家族里，不超过中等质量（例如铁和镍）的成员都可以在这个环境下最终诞生出来。出现铁和镍之后，大多数恒星制造重原子核的过程都会停顿，其外层物质也消失无踪，只剩下高温、高密度的一个小核心，变成白矮星。不过，如果恒星原本的质量超大，那么就会经由超巨星阶段，爆发为超新星，在这种情况下，一些更重、更稀有的元素，例如金、汞、铀之类就会形成。所以，正如一句歌词所唱，"吾侪皆星尘"。（We are stardust.）

67 旅伴

1957 年是国际地球物理年，这也给缓解冷战的紧张局势提供了一个契机。不仅是美国和苏联，许多国家的科学家都进行了通力合作。可惜，这次合作的结局是新一轮的争斗，美苏开始抢夺对太空的控制权。

1957 年 10 月 4 日晚，在苏联内陆深处的拜科努尔宇航中心 1 号发射点，一枚火箭腾空而起。几分钟之后，第一颗人造地球卫星就进入了轨道。它的名字叫作"斯普特尼克 1 号"，用俄语来解释就是"卫星 1 号"，但也可以理解成"旅伴 1 号"或"同伴 1 号"。它的重量有 80 千克，在 483 千米的高空以 90 分钟为周期绕地球旋转，并通过无线电发出"哔哔哔"的声音宣示其存在，即便是业余无线电爱好者也不难接收到这个信号。卫星的轨道刚一稳定，苏联的官方新闻机构塔斯社就向全球公布了这一消息。

"斯普特尼克 1 号"在轨运行 3 个月之后坠入大气层烧毁。这是它的一件复制品，由此可以看到这个直径 58 厘米的圆球的内部结构。这颗卫星能依靠电池供电，向地面发送温度数据，供电共维持了 22 天。

太空竞赛鸣枪起跑

西方各大强国从这颗人造卫星听到的可不只是"哔哔哔"的广播，还有苏联航天技术的无形宣言：世界上最强有力、最可信赖的运载火箭发射技术已经掌握在这个东方大国手中，这种技术不仅能送科学实验卫星上天，或许也能把核武器送到地球表面的任何位置。当时，美国国家航空顾问委员会连跟踪这颗卫星的手段都很缺乏，只能鼓励天文和无线电爱好者们多加监测。这次发射行动的总设计师科罗列夫还设计了一个反光率很高的火箭推进器，完成任务后就一直在卫星的前头飞行，把阳光反射到地球表面，在黎明和黄昏时很容易被看到。

美国在 1958 年 1 月利用海军的火箭发射了"探险者 1 号"，算是对"国际地球物理年"做出了自己的贡献。随后大约过了半年，美国国家航空顾问委员会改组为美国国家航空航天局，即 NASA，目标当然是在太空竞赛中赶超苏联。

遥远空间的科学

"斯普特尼克 1 号"虽然彪炳航天技术史，但除了测量温度之外就没有做出什么自然科学上的贡献。相比而言，只有 14 公斤重的"探险者 1 号"却带来了基础科学方面的新发现。通过它装载的宇宙射线侦测器向地球报告的数据，科学家发现宇宙射线几乎都密集在一些很小的区域内，而其余很大范围内基本没有宇宙射线。虽然有人曾担心是仪器出了故障，但这一结果最后被证实与范·艾伦（James Van Allen）的预言吻合：地球的磁场作用会把从太空射来的带电粒子"扫"进一些条形的区域，这种区域大多靠近南极和北极。我们熟知的极光，就是太阳风里的粒子通过"范艾伦带"被推向地球两极之后形成的。

68 动物宇航员

怀着将人类送入太空的梦想，一代代航天技术探索者在进行接力。不过，在勇敢的人类先驱者升空之前，动物要打个前站。

在太空竞赛的初期，尚有一些未知的情况可能阻碍人类进入宇宙空间的行动。例如，载人飞船想进入太空，需要在短时间内把飞行速度提高到声速的数倍，人体能否承受这样大的加速度？又如，空间辐射和极端温度也可能损害宇航员的健康，而且，飞船在以高速返回地球途中，一旦重新进入大气层，船身与大气摩擦所产生的热量也有把宇航员烤熟或使飞船膨胀爆裂的危险。

因此，第一批前往太空的地球动物是一些全被称为"阿伯特"的猴子，美国军队用从德国手中缴获来的 V-2 火箭把它们发射了出去。在 1948 年和 1949 年的实验中，猴子均未能幸存："阿伯特 1 号"在 63 千米高度上窒息而死，而太空的下限是离地 100 千米；"阿伯特 2 号"倒是抵达了 134 千米的高度，但由于降落伞未能打开，它在重新回到大地怀抱的瞬间摔死了；"阿伯特 3 号"和"阿伯特 4 号"也都没能创造更好的纪录。

首先从太空活着返回的动物是 1951 年由苏联发射的两只狗——德斯克（Dezik）和塞盖恩（Tsygan）。1957 年，苏联人更是首次把动物送进了环绕地球运行的轨道——小雌狗莱伊卡（Laika）乘坐"斯普特尼克 2 号"人造卫星书写了这段历史，不过由于当时并没有回收人造卫星的技术，莱伊卡在轨道上存活了 6 小时之后死去。1960 年，乘坐"斯普特尼克 5 号"的贝尔卡（Belka）和斯特雷尔卡（Strelka）则幸运得多，它们从卫星轨道上平安返回。美国 NASA 于 1961 年发射的"水星"号宇宙飞船则搭载了一只名叫汉姆（Ham）的大猩猩，它被穿上了宇航服，所以尽管飞船内的空气有泄漏，它也安然无恙。至此，将人送进宇宙空间的历史性时刻，可以说是呼之欲出了。

"莱伊卡"在俄语中是个昵称，意思近乎"叫叫"（barker）；它乘坐的斯普特尼克 2 号则被一些又嫉妒又恨的西方媒体蔑称为"姆特尼克"（Muttnik），意思近乎"坏同伴"。莱伊卡的身上被接上了传感器，来研究它在失重状况下的生理反应。虽然科学家给它准备了有毒的狗粮，准备让它在这次注定不能回家的旅途中安乐死，但它却在毒性发作之前死于舱内的酷热——这部飞行器的生命保障系统出了些问题。

69 太空跳伞者

在能遥控的飞行器一个比一个接近真正的太空时，一种新式的飞行服装也发展了起来——这是宇航服的前身。1960 年，有人要对这些服装的作用进行实地检验。

有一个很流行的谣言，说是人体暴露在宇宙真空中时，血液会沸腾。其实，如果你真的进入了太空，恐怕血液还来不及因失压而沸腾，就先冻住了。但总之，人体暴露于宇宙空间是很危险的，意识会在 15 秒内失去，身体可能膨胀到正常时的两倍大。1960 年，美国空军飞行员基廷格（Joe Kittinger）穿着一套早期的空间飞行服，乘坐氦气球来到离地面 31 千米的高度——尽管这里还算不上太空，但空气的稀薄程度已经接近真空了。在飞行服的保护下，基廷格在这里还能呼吸到基本拥有正常大气压的空气，不过由于服装密封不严，他的右手还是不听使唤了。为了保命回家，基廷格跳伞了，这一跳的起始高度至今仍保持着世界纪录。

一架自动摄影机捕捉下了基廷格这创造世界纪录的一跳的开始瞬间。在跳出气球后的开头 4 分 36 秒，他自由下落，其间最快速度达到过每小时 982 千米，比一般的喷气式客机还快。他使用的伞具也是专门设计的，能够在降落过程中防止他发生高速旋转，以免要了他的命。

70 向宇宙空间冲刺

当很多国家只是把发射人造卫星当做目标时，在冷战中争霸的两个大国已经有了把人送进绕地飞行轨道的雄心。在"斯普特尼克 1 号"获得惊世成功之后，载人航天的竞争日趋白热化。

1959 年，苏联宇航局和美国 NASA 都开始组建宇航员队伍。苏联的这一工程代号为"东方"（Vostok），而美国的这一工程称为"水星计划"。两国关于合适人选的标准相仿——不能太高或太重，以适应狭小的太空舱，并能承受低压以及发射时的超重等不利条件，专家组要从数百名候选者中层层筛选，挑出几名品质最坚韧、能力最全面的小个子，组成宇航员核心团队。

"东方"挑出的第一个团队有 6 人，这是苏联的首批航天员，也是世界上第一个宇航员小组。"水星计划"的第一批宇航员则有 7 人，全是从美国空军的精英飞行员里选拔的，平均年龄近 40 岁，比苏联的宇航员年长约十岁，并且拥有对这个年龄段而言中等或偏高一点的智商。苏联的宇航员们也都是军人，勇武程度不输飞行员，但他们的气质对于苏联的载人飞船来说并不特别重要，

这是水星计划的 7 位宇航员。以 20 世纪 60 年代的旧时尚来看，他们的装扮"前卫"得无以复加。后排左一是谢泼德，前排中间是斯雷顿（Deke Slayton）和葛莱恩，这三人后来开启了美国人迈向太空的历史征程。

因为"东方"系列的飞船都是高度自动化的，宇航员被独自固定在显得逼仄的圆球形船舱内，几乎没有什么操作需要他们去完成。而"水星"系列飞船呈圆锥形，安置在火箭的顶端，还带有舷窗，宇航员在舱内可以亲自驾驶。

最后，苏联依靠火箭技术的领先，再次赢了美国：1961 年 4 月 12 日，加加林（Yuri Gagarin）乘坐"东方 1 号"飞船在太空环绕地球飞了 1 圈。1 个月后，谢泼德（Alan Shepard）成了"水星计划"的首位升空者，不过由于火箭技术上的局限，他所乘的"自由 7 号"飞船仅能把他送到亚轨道高度，而且无法环绕地球飞行。1962 年 2 月，推力更强大的"宇宙神"（Atlas）火箭将葛莱恩（John Glenn）送入轨道，使他成了环绕地球飞行的第一位美国人。不过，太空竞赛的锦标此时已经转移到了登陆月球上。

2003 年，中国"太空人"杨利伟乘坐神舟五号飞船进入绕地轨道，让中国成为世界上第三个能独立将宇航员送入太空的国家。印度则计划于 2016 年实施载人飞船发射。

71 星际水手

1962 年，太空竞赛朝着自动化方向快速发展，不载人的探测器开始被发射出去探索其他行星。"水手 2 号"（Mariner 2）是这种探测器的先驱，它被送往金星做科学考察，并发回了一些令人惊讶的结果。

"水手 2 号"于 1963 年 1 月与地球失去联系，但它至今仍在绕着太阳公转。

太空时代包含着人类一个共同的大梦想，那就是有朝一日（或早或晚，当初曾有人猜是 20 世纪的最后 10 年）能让人类登上其他行星，乃至生活在那里。尽管跨行星的探索很大程度上源于科学而非政治的需要，但确保各国对此投以热情的，还是国家威望以及地外领土价值之类的东西。苏联于 1961 年发射了"金星 1 号"探测器，但这个探测器因与地面联系中断而彻底失踪。次年，NASA 发射的"水手 1 号"探测器因为一个软件故障而被送上了北欧附近的一条危险重重的轨道，最终也遭遇毁灭。好在"水手 2 号"要成功得多，它于 1962 年 12 月抵达了离金星很近的位置。为了减轻发射重量，这个探测器并未携带减速用的反向推进火箭，因此只过了半个小时就又远离了金星。在这短暂的探测过程中，它发现金星的大气基本是恒温的，金星表面的热量几乎全被束缚在厚厚的云层底下，也正是这种特点，使得金星在我们看来尤其明亮耀眼。不过，这么热的星球，人类可怎么着陆啊？

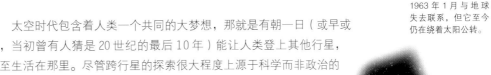

72 旷古遗音

1964 年，两位天文学家使用一架拥有超高灵敏度的天线，去测试新发射的通信卫星，但他们发现，似乎无论天线对准哪个方向，都有一个信号在干扰。这个处在微波波段的微弱信号，就是今天我们所说的"宇宙微波背景"（缩写为 CMB）。

彭齐亚斯和威尔逊正在检查他们探测到 CMB 所用的天线，这是个状似漏斗的巨大金属物体。为了减少无线电噪声干扰，他们使用液氦把接收系统中的电路冷却到了零下 269 摄氏度，仅比理论上的低温极限高 4 摄氏度。

人造卫星可以看作一颗大金属球，能从轨道上向地面反射回微波通信信号。彭齐亚斯（Arno Penzias）和威尔逊（Robert Wilson）则尝试用位于新泽西州的霍姆代尔（Holmdel）号角形天线拾取这些信号。在正式开始接收之前，他们必须先排除其他各种无线电信号的杂波干扰，结果发现了一个天然的背景噪声信号，其强度是事先预计的 100 倍，而且在天球的任何方向上都能被或多或少地侦测到。这个信号如今被称为 CMB，它是宇宙大爆炸时的余热造成的。

73 来自宇宙的脉冲

1967 年，一行行排列遍野的天线阵列接收到了来自太空的某种有规律的无线电脉冲。虽然几乎没人真心以为这是外星生命发来的信号，但它到底是什么？

无线电波和光波本质上都是电磁波，只不过前者能量较低，而且肯定不在肉眼可见的范围内。天文学家们从 20 世纪 30 年代起就在探究那些从宇宙空间里传来的无线电波了。他们所用的"射电望远镜阵"是由许多巨大的天线组成的，这些天线多为圆形，用以收集那些微弱的信号。不过，英国天文学家贝尔（Jocelyn Bell）和休伊什（Antony Hewish）却建造了一套看上去没那么惹眼的无线电侦测设备。这套位于剑桥郊外田野中的设备名叫"星际闪烁阵列"（Interplanetary Scintillation Array），目标在于发现和研究无线电信号中的波动。

当代的射电望远镜由多个大型天线阵列组成，在控制指令之下，它们的朝向始终一致，以合力收取来自天空中特定位置的信号。

是"小绿人"吗

1967 年 11 月，贝尔找到了一个无线电脉冲信号源，其脉冲周期总是 1.3 秒，整齐得令人讶异。这个信号源随着群星一起东升西落，这说明它有可能来自某颗不为世人所知的人造卫星，或是来自某个地面电台制造的干扰，但最容易让人做出的推测还是来自某个地外文明。贝尔和休伊什也将这个信号源命名为 LGM-1，意即"小绿人 1 号"。但此后不久，在离这个信号源很远的位置又发现了一个周期为 1 秒的脉冲，两者之间看来不可能有什么关系，关于"小绿人"的猜测几乎不攻自破。

这种神秘的信号源被认为来自某种天体，也就是所谓"脉冲星"——不断发出周期性无线电信号的恒星。科学家猜测，这种恒星表面只有某一部分能发射无线电信号，而它的自转使得这个信号如灯塔上的光柱一样以特定周期扫过地球，才形成了我们看到的"脉冲"。若是这样，这种恒星约一两秒就要自转一周，有理由推断，只有超新星爆炸后剩下的中子星才可能具有如此疯狂的自转速度。

74 伽马射线爆发

在辐射的频谱中，无线电波携带的能量是最少的，而伽马射线携带的能量最多。微茫的无线电脉冲可以引导我们发现一些暗淡的恒星，而突然涌来的大量伽马射线则代表着宇宙中能量最为狂暴的一种事件。

伽马射线是核爆炸的产物之一。美国军队在绕地球的轨道上安置有一些卫星，用于监视其他国家是否有违反关于核试验的协定的空间核爆行为。1967 年 7 月，两颗美国卫星侦测到了异常的伽马射线，但后来发现它们并非来自哪个国家的试爆，而是来自远在太阳系之外的某种辐射源头。冷战环境让这些记录成了秘密档案，不过，此后更加先进的核爆监视卫星发现了更多的伽马射线爆发，其中大部分持续的时间都在 30 秒左右。

1973 年，相关数据解密，但天文学家们未能很好地解释这种现象。直到 1991 年，能运行于太空里的"伽马射线空间天文台"被发射，其观测显示，这些伽马射线源离我们有数十亿光年之遥。这么远的信号却能被我们如此清楚地接收到，说明这些信号的源头天体释放出的能量极大，数秒内的释放量就足以和太阳在 100 亿年（太阳的一生）内的释放量相等。目前认为，中子星被黑洞吞噬，以及质量数百倍于太阳的超巨星的瓦解，都可能产生伽马射线暴。

科学家估计，即使在银河系之内，平均每隔数十万年也会发生一次伽马射线爆。据推测，如果伽马射线爆的发生点离地球太近，可能导致大规模的生物灭绝。

75 阿波罗计划

在首位美国宇航员进入太空之后 20 天，当时的美国总统肯尼迪就发誓要在 20 世纪 60 年代结束之前率先把宇航员送上月球。到了 60 年代的最后几个月，"阿波罗 11 号"实现了肯尼迪的誓言。虽然成本高昂，但"阿波罗计划"确实为美国在太空竞赛中赢得了一次辉煌的胜利。

1969 年至 1972 年间的 6 次登月，按今天的货币购买力来折算，平均每次的成本就高达令人瞠目的 180 亿美元。但是，这些登月任务给载人航天事业带来的回报也是丰厚的：不仅有关于压缩成本的技巧，更有技术上的飞跃和一种对未来航天事业的乐观主义态度，这使得美国直到冷战时期结束都一直保持着太空竞赛中的领军地位。

"阿波罗"这个名称取自希腊神话中的太阳神，阳刚勇武之气的代表。史诗中的功绩，赋予这个名字以满溢的光荣。这一系列飞往月球、环绕月球、登陆月球的行动，是人类首次也是至今唯一一次飞离低层的绕地轨道。每艘阿波罗飞船的乘组均以 32 倍声速飞行了近百万千米。自从 1972 年最后一艘登月飞船返航以来，再也无人飞到过离开地球超过几百千米的地方。

1969 年 7 月 20 日，阿姆斯特朗（Neil Armstrong）满面笑容地在阿波罗 11 号的登月舱"鹰"号里留影，当时他刚刚完成了人类史上首次月球漫步。当时世界上 1/5 的人收看了这次登月的直播。

飞向月球

在"水星计划"刚把一个人送上太空之后，肯尼迪就宣布启动阿波罗计划。在这一计划处于纸面设计阶段的时候，"水星计划"又做了 5 次飞行，检验和巩固了 NASA 发射宇宙飞船并将其乘员安全送回地球的能力。

在"水星计划"后，紧接着就是"双子座计划"，它使用了新的一批宇航员、可乘坐 2 个人的飞船舱，以及"泰坦"这种拥有强大得多的推力、可以把更多物资送上轨道的新型火箭。"双子座计划"的一个目标是检验宇航员能在太空中正常工作多久。一组宇航员仅在太空中坚持了两周；另一组则尝试了太空漫步，或者说出舱活动。这一系列出舱活动帮专家们确认了穿着全套宇航服的人能做出哪些动作，也对在维修时可能用到的各种工具进行了考验。最后，双子座计划的宇航员们（其中一个是后来登月的阿姆斯特朗）尝试了在轨道上驾驶

土星 5 号是有史以来成功发射过的推力最强的运载火箭，也是噪音强度冠绝古今的航天机器。宇航员的座舱在图中白色锥形结构里，其上方只有一支细长的"逃逸火箭"（供紧急情况使用）。

"阿波罗11号"的登月舱飞向预定的着陆点——月面上一个叫作"静海"的地区,这一区域地势平坦。但飞船在着陆前必须飞越一座大环形山,为此几乎消耗掉了所有的燃料。

飞船,并使之与另外一艘飞船对接。他们的对接对象是一艘名叫"爱琴娜"(Agena)的无人飞船,但此时他们已经知道,这些对接操作在未来的阿波罗计划中会发挥关键作用。

铺路

在设计载人登月飞船的同时,NASA向月球发射了多个探测器,探查月面着陆地点的情况。第一个这种探测器被恰如其分地称作"开拓者"(Ranger),于1964年发射,它在撞毁于月球表面之前发回了一系列照片。在它之后,又有5个绕月飞行的探测器陆续抵达,寻找可用的候选着陆点。其后,从1966年到1968年,7个叫作"巡游者"(Surveyor)的机器人着陆器先后降落到了月面。

在月球探索方面,苏联一开始还是占先的:他们的"月球2号"早在1959年就击中了月球,而"月球9号"则成为首个在月面成功软着陆的人造飞行器,其软着陆日期比第一架"巡游者"着陆器要早好几个月。但在进入20世纪70年代后,苏联所有的月球探测器在美国"阿波罗计划"的成功之下都显得黯淡无光了。

苏联当时没能成功研发出一款强大到足以将载人飞船送至月球的运载火箭,而美国"阿波罗11号"发射任务所用的"土星5号"火箭一举送出了三名宇航员和两艘飞船:三人先是待在一个被称作"服务舱"的飞船里,这个飞船推着叫作"登月舱"的另一个飞船,用三天时间飞到月亮附近,然后三人中的两人进入登月舱并在月面着陆,另一人则留在服务舱里绕月飞行,等待登月舱结束考察归来,两者重新会合后飞向地球,回到地球附近后,三名宇航员乘坐一个抗高温的"指令舱"从服务舱上分离出去,最终落回地面。总共只有12个人完成了登陆月球表面的壮举,其中最后一位是塞尔南(Jugene Cernan),他在离开月球时感叹道:"神会喜悦,因我们为着全人类之和平与希望到此,今虽离去,有朝一日终将再来。"

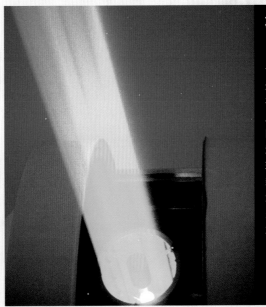

事实还是骗局?

有个在大众中很流行的传说,认为登月的录像是在摄影棚里伪造的。但其实,当年的宇航员们在月面留下了反光镜,可以反射从地球上射去的强大激光束(美国得克萨斯州和法国都有配套的激光发射器),用以精确测定地球和月亮的距离。2009年,一个新的绕月飞行器拍摄了当年"阿波罗17号"着陆点的照片,航天先驱们当时插在月面上的美国国旗清晰可见。

76

空间站

在NASA持续开展月球探险的时候，苏联的航天局转移了战略目标。因为人类若想深入探索太空，首先要学会如何长时间在太空中生活。1971年，第一个空间站发射升空，它是许多太空实验室的集合体，而最主要的一个实验对象就是宇航员们本身。

包括登月活动在内的早期航天任务，使得将载人飞船精准送入轨道的技术和让宇航员在舱室之间转移的系统都发展得相当完善。那么，观察人体长期处于太空失重环境后的变化，就成了下一步的要务，用以检验关于空间站的各种理论猜测和推断。

首个空间站名叫"礼炮1号"（Salyut 1），于1971年升空，发射时并未载人。随后，一艘名叫"联盟号"（Soyuz）飞船搭载三名宇航员出发，但未能成功与空间站对接，只好返回地球。第二组宇航员则成功得多，他们在轨道上停留了23天，创造了当时的纪录，但却在返回地球大气层时发生悲剧，飞船坠毁，全体牺牲。礼炮1号此后亦被弃用，但苏联人根据从它身上获得的经验，对空间站的生命保障系统做了改进，这些改进被应用到了后来十年里几个后续的"礼炮号"空间站上。在这一时期，NASA只发射了一个空间站——"天空实验室"（Skylab），它被装在土星5号火箭的末级之内送上轨道。虽然这个空间站也取得了一些成绩，但美国载人航天工程的焦点却已逐渐转向航天飞机了。

人体构造是适合于地表重力环境的，若失重过久，骨骼和肌肉都会消瘦下去。为了抵抗这种效应，宇航员们在空间站内必须每天定时锻炼身体。人的心脏会向头部输送过量的血液，因为在地面上生活时重力会把很多血液向下拉走，而到了太空中，这些血液就会滞留在人的头部，造成面部的微弱肿胀，进而损害视力。

在太空里生活

1986 年，"礼炮 8 号"的发射任务改名为"和平号"（Mir，俄语意为和平），这是首个模块化的空间站。在此后十年的时间里，共有五个模块被连接到最早发射的中心模块上。空间站还为载人飞船和给养飞船各留了一个接口，这使得空间站内经常有宇航员往来和居住。

尽管遭遇过火灾、磕碰和流星体撞击，和平号空间站依然接待了来自许多国家的一批批宇航员，它一直在轨运行到 2001 年。宇航员们大多会在站内居住几个月（也有超过一年的），失重对他们身心的影响被清楚地展现出来——对于未来可能展开的飞向比月球更远处的航行，这些可都是极为重要的参考信息。

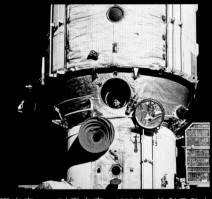

1995 年，波利亚科夫（Valeri Polyakov）从和平号空间站的舷窗向外望。这位宇航员创造了连续停留在太空失重环境中的世界纪录——437 天。

77 人马座 A*

当一个黑洞吞噬了一颗完整的恒星，甚或吞掉了另一个黑洞后，会发生什么？ 它会变成一个更大的黑洞。假以足够漫长的时间，黑洞的质量会增长到太阳的数百万倍。1974年，天文学家们就在银河系中心发现了一个这样的巨大黑洞。

这张人马座 A 的图像是根据穿过银心区域离子云后的射电波的强度制成的。人马座 A* 黑洞位于靠近其中心处。

这个巨型黑洞存在的首要证据是来自人马座方向的一个射电源（即无线电波源），而在地球角度看来，银河系的核心点（即银河系自转所围绕的点）正处在人马座的天区内。这个射电脉冲的来向被精确锁定到一个极活跃的天区（人马座 A）内部的一个致密区域里，于是后者被添上星号，记作"人马座 A*"。不过，由于其辐射在到达地球之前必须穿过太多的恒星密集区和星际尘埃带，所以，要想彻底确认它是个超大型黑洞，某些关键证据还显得不够板上钉钉。根据目前的认识，其他大型星系的核心区恐怕都有超大质量的黑洞，还有许多人认为，所有正处于演化周期中段的星系（例如银河系、仙女座大星系）都是靠一个巨大的中央黑洞来维系的。经过长达 16 年的巡天观测，在 2008 年，人马座 A* 的质量终于被确定为太阳的 400 万倍。

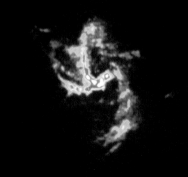

78 与行星亲密接触

将人类送往其他行星的计划，从很久以前到当今，一直停滞在"计划"的层面上，因为这样的飞行无论从技术上看还是从成本上看，前景都不容乐观。不过，这并不能阻止人类向这些神秘的世界发射着陆探测器，而探测器从其他行星表面拍回的照片也确实让我们惊奇不断。

"金星9号"探测器重达5吨，可谓是"隆重"造访了金星。不过，这次考察基本算是全盘失败，探测器上的一个塑料镜头盖还熔化了，挡住了备用镜头。

说到探测其他行星，迈出第一步的还是苏联人，但是他们的成功率不高。1966年，首枚行星探测器"金星3号"（大家普遍认为它太重了）按照计划顺利落向金星表面，却很快消失在金星那浓密的云层里，没能发回任何数据，于是这次探测没能带来任何关于金星的新知识。次年，"金星4号"带着降落伞降向金星表面，从它传回的数据看，气压表的读数是地球表面的数十倍，温度计的读数也爆了表。严酷的环境让这个探测器还没落到金星表面就开始变形了。1970年的

"海盗1号"着陆于火星表面一处叫"黄金平原"（Chryse Planitia）的地方，并在此后6年多的时间里持续发回数据。这张照片也是它发回的，并深受科学家们的喜爱。离照相机较近处的这块大石头还被昵称为"大老乔"（Big Joe）。

"金星 7 号"则针对金星表面的恶劣情况做了专门的防护设计，它在触及金星表面时发生跌滚，落了个大头朝下，不过仍然能发送数据，坚持了 23 分钟。5 年之后，"金星 9 号"准备启程，苏联人觉得已经没什么别的好让它做的了，于是它就成了第一个在其他行星表面拍摄照片的探测器。这个探测器在金星表面坚持工作了 53 分钟，它发回的照片展示了一个贫瘠荒蛮的金星世界。这里的大气压力足以把人体压垮，而且压垮后的残骸会很快被高温烤熟。不难想象，人类登陆的目标由此转向了火星。

"海盗"的领地

在火星探测方面，NASA 走在了前头。1971 年，"水手 9 号"到达火星，并成为第一个持续绕其他行星运转的探测器。它航拍的照片带我们领略了火星表面很多壮丽的景观，例如塔尔西斯高原（Tharsis Bulge），以及足以容纳美国主体 48 个州的大峡谷——"水手谷"（Valles Marineris）。

1976 年，NASA 又发射了两颗名为"海盗号"的绕火星飞行的探测器，它们都能向火星表面释放垂直降落的着陆器。虽然火星大气明显比地球的稀薄，但着陆器仍需专门的隔温保护层来抵御它们与火星大气摩擦所产生的热。"海盗 1 号"在完成航拍使命后释放着陆器成功，两个月后"海盗 2 号"也释放了着陆器。两个着陆器工作得都很好，其搭载的科学设备源源不断地发回土壤分析数据，照相机则拍摄了许多令人兴奋乃至雀跃的第一手照片。此前人们对火星的颜色也存有一定困惑，海盗号的照片向我们说明，火星上的天空本是暗蓝色的，但风暴会掀起因富含铁元素而发红的火星表面尘土，把天空染成粉色。

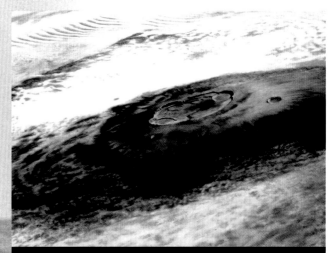

行星不大，风景不少

"水手 9 号"和后续的其他探测器让我们知道，火星上也有火山运动，但不像地球那样具有板块构造。地球的板块会彼此推挤，在较短的时间内制造出像连绵的山脉与广阔的海盆之类的地貌，而火星上形成类似的一个表面特征即便不说需要超过十亿年，也至少要几千万年。塔尔西斯高原沿火星赤道延展，占据了火星表面的大约 1/4。科学家推测它是由从火星内部推升上来的岩浆冷却形成的。这种力量也创造了像水手谷那样的大裂隙，岩浆则滋养出了几座巨型火山，其中最为壮观的一个当属上图所示的"奥林匹斯"火山，其海拔达 27 千米，过去岁月里的无数次喷发把它堆积成了太阳系里最高的山峰。火星上的诸多火山已经休眠了 1.5 亿年之久，但未来还会再次活动。

79 对月岩的研究

月球是唯一可以从地面上用肉眼看到其地貌特征的天体。当今的月球研究已经形成了一个独立的学科——月球学（selenology）。登月飞船和探测器带回的月球岩石标本，让月球学家们有了"把月亮拿在手中"的机会。人类迄今最后的一批月岩标本是1976年被带回地球的。

面对着我们。但是，我们不应该就此认为月球不会自转，其实它恰恰有着自转，只不过从很久以前起，它的自转就被锁定在与它的公转相同的周期上了——换句话说，它自转一圈的时间，跟它绕地球公转一圈的时间是相等的。月亮在轨道上的前进，总是伴随着自身朝向的同步偏转，所以只可能拿同一面对着地球。

这种现象被称为"潮汐锁定"，让月球始终对着我们的这一面在地球重力的影响下保持轻微的隆起，与此同时，月球的重力也在地球的海洋中有所体现，形成了海洋潮汐。地球上的海洋潮汐差不多每天绕地球一周，而月球表面的隆起最初也是这样绕着月面平移的，但这种相互作用让月球的自转速度越来越慢，到了今天，月面隆起的区域已经不再变化，它的自转周期也被锁死在了公转周期上。（照此下去，在遥远的未来，地球也最终会被月球潮汐锁定——译者注）。

当然，月球相对于太阳并未被潮汐锁定，所以我们看到的月相是会变化的。由于我们容易看到的是被阳光照亮的那部分月面，所以从农历初一到十五，月亮会从一个月牙逐渐变成圆月。其实这期间月面被太阳照亮的面积始终是一半，只不过太阳在初一前后更多地照亮的是月球的背面。

诸次探月共带回近400千克的月岩，这是一块月球玄武岩，属于火山岩的一种，由熔融的岩浆快速冷却而形成。

月海

月球表面最明显的地貌恐怕就是那些发暗的区域了。早期的观测者认为那是巨大的水体系统，故称之为maria，即拉丁文的"海"。众多的月海被赋予了富有诗意的名字，例如静海、风暴洋、虹湾等，但它们根本没有水。即便说月面有水存在，也应该是以冰的形式隐藏在陨石坑里一些照不到阳光的角落中的，极其零散稀少。月海在实质上是远古时期月球火山喷发后，熔岩冲积形成的一些低矮平坦的地区。尽管月海在我们的直觉中面积很大，但这种地形事实上只占月面的16%——因为岩浆似乎倾向于出现在月球对着我们的这一面，月球背面则几乎没有月海。这种现象的成因尚不十分清楚，虽然有潮汐力的考虑，但也仅仅是当今的视角，而月海是至少10亿年之前形成的。

崎岖错落

在1609年伽利略用望远镜观察月球之前，人们认为月面像水晶球一样光滑。但是，伽利略看到的是一个粗糙的"广寒宫"，它有着连绵的山脉和密布的环形山。月面上，浅色的区域被发

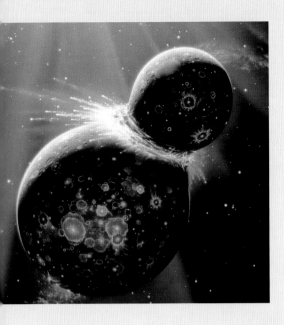

现是山区和高地，于是人们用地球上的山脉来给这些地区命名。（月球学家们利用月面晨昏线扫过这些地区的机会，能通过高山投下的影子轻松发现这类地形。所谓晨昏线，即是太阳直接照亮的区域与未被直接照亮的区域的分界线。）

17 世纪 50 年代，里齐奥利将月球上的一个大环形山命名为"哥白尼"，以表纪念和尊敬，由此开启了以杰出天文学家为月球环形山命名的传统。最初，伽利略认为环形山是火山口的遗迹，但较晚近的研究显示，它们是陨石撞击形成的，因为环形山之间有彼此叠压的情况，并且可以看到散布的碎块。由于没有空气和水分，即便是最古老的陨击痕迹（早至 30 亿年前）也几乎保持着原来的样子，没有被侵蚀掉。而月球的土壤，或者说"表土"（regolith），是由无数陨石从月岩上击飞的碎末所构成的。

这是一幅艺术想象图。一颗假定的、被称为"泰雅"（Theia）的行星撞击了年轻的地球，导致了月球的产生。"泰雅"是神话中月亮女神的母亲的名字。

月球的正面和背面，样子大不相同。受地球引力的保护，月球朝着地球的一侧很少受到陨石的轰击，而另一面（也被称作"暗面"，但其实阳光照到这里的时间跟正面一样多）则密布着环形山。我们只能通过照片看到这一面。

月亮从何而来

地理学家们看过 1969 年由阿波罗 11 号飞船带回的首块月岩标本后，发觉其构成与地球岩层颇为相似，唯一的显著不同是月岩中相对缺少较重的金属元素，而这些元素在地球的较深岩层中含量更多。这说明地球和月球物质有可能是同源的。一种推断是，40 亿年前，有颗与火星一样大的行星撞击了地球，这次撞击熔化了许多表层岩石，并将这些熔融物质抛入了绕地球的轨道，形成了月球。

80 姝妹探测器"旅行者"

1964年夏天，一位正在攻读博士学位的硕士——弗兰德罗（Gary Flandro）得到了一个为NASA工作的机会，NASA交给这位年轻的工程师的任务是论证向四大巨行星（木星、土星、天王星、海王星）发射探测器的最佳时机。弗兰德罗在大量轨道数据中发现了一个绝好的机会——探测器可以趁这个机会依次造访这四颗大行星，随后飞向太阳系外，做一次伟大的旅行。

木卫二、木卫三、木卫四的地下都可能存有液态水，因此可能像地球深海里那样容许简单的水生物存活。2030年，欧洲的多冰木卫探测器（JUICE）将重访这几颗卫星，详细考察了这方面的情况。

如果将来有外星智慧生物发现了"旅行者"，他们可以从中找到一张金制的多媒体碟片。碟片里录有地球风景照片、当时美国总统卡特的致辞、莫扎特的作品、歌星恰克·贝瑞的金曲《Johnny B.Goode》、鲸鱼的歌声等丰富的内容。

发射的时机是 1977 年的夏末，对四大巨行星的考察将于 1989 年全部完成。在这十多年的时间里，探测器可以借助一个目标的重力作用，径直飞向下一个目标。这趟高效之旅能够成行，还有赖于这四颗行星在这不多的几年里基本排在一条线上，这种排列形状也是很难得的。

1972 年，项目启动，探测器被命名为"旅行者"（Voyager），包括两个探测器，其中只有一个被安排了"四星大满贯"的航程。为两位"旅行者"打前站的是两个名为"先锋"（Pioneer）的探测器（它们在技术上属于 NASA 现成的行星探测器）——"先锋 10 号"只从木星身上借力，"先锋 11 号"则成为第二个借助行星力量的探测器，被木星"甩"向了土星。

"旅行者"的体量是"先锋"的三倍，装备有照相机、光谱仪、宇宙线侦测器等设备。星际发射活动的一些不确定性使得"旅行者 2 号"比它的姝妹早出发了两周，"旅行者 1 号"则于 1977 年 9 月 5 日整装启程。

"旅行者 1 号"的相机为我们带来了数十项重大发现。这是它拍到的木卫一上火山喷发的景观。木星强大的引力作用让木卫一内部"翻江倒海",成为熔融态,喷发则能把岩浆抛到离木卫一表面 150 千米的高处。木卫一也因此成为太阳系中火山活动最为频繁和剧烈的星球。

访问巨行星

"旅行者 1 号"飞得比 2 号快,于 1979 年 1 月率先抵达木星。在被木星的引力作用甩离之前,它近距离观察了木星那波诡云谲的狂暴大气,并发现了这个气态巨人的一道暗弱的光环。18 个月后,它飞抵土星,详细考察了土卫六(Titan),这是太阳系内最大的卫星,也是唯一有着浓密大气层的卫星。此后,"旅行者 1 号"就结束了它的常规任务,朝着太阳系外飞走了,与此同时,"旅行者 2 号"正在考察被冰覆盖的木卫二。旅行者 2 号后来于 1981 年飞掠土星,并于 1986 年和 1989 年分别掠过天王星和海王星。它为这几大行星的卫星们拍下了许多前所未有的清晰照片,然后也飞向了宇宙深处,至今仍在继续它的旅途。(2013 年,科学家确认"旅行者 1 号"已经飞出太阳系,"旅行者 2 号"也接近了太阳系边缘——译者注)

"旅行者"是迄今飞得最远且仍在运转的太空探测器,其核能电源至少可以坚持工作到 2025 年。天文学家们正在期待它们在未来几年内穿越"太阳层顶"(heliopause),也就是太阳风(太阳释放出的带电粒子群)开始减弱至侦测不到的程度的地方。1990 年,"旅行者 1 号"发回了最后一张照片,在照片中,地球只是漆黑空旷之中的一个暗弱到不易辨识的深蓝色小圆点。

81 磁星

有这样一种星球,它比地球上的很多城市还小,质量却比太阳还大,拥有着极强的磁场,强到足以把离它 1000 千米以内的任何物体扯碎。这就是"磁星"(magnetar),一种于 1979 年发现但至今仍谜团重重的奇特中子星。

第一颗中子星是通过射电脉冲发现的。这些中子星以不可思议的速度自转,周期性地把无线电波"柱"投向地球。那么,有能发出其他类型辐射的脉冲星吗? 1979 年,环绕金星飞行并对其做科学考察的"金星号"探测器侦测到了一次短暂的伽马射线爆发,其强度是正常值的 2000 倍。在接下来的十几秒之内,汹涌而来的伽马射线又穿过了在地球附近执行各种不同任务的多个探测器。这是一次发生在 5000 年之前的超新星爆发事件产生的效果。超新星会生成中子星,后者由科学家们很感兴趣的"零号元素"(neutronium,一种只由中子构成的粒子)组成,其密度非常大,以致通常的原子在其中无法存在,都被压缩成了密集的中子。一茶勺这样的物质就重达 2 亿吨。这次发现的这颗中子星发射的是高能的伽马射线,而非射电波;该星的磁场强度是地球磁场强度的 3 亿倍,这可能是其相对较慢的自转速度和奇高的温度共同作用的结果。

82 可重复使用的航天飞机

在20世纪80年代，太空航行活动中的科研、商业成分与战略防御成分相比，可谓不相上下，但国家威望和民族形象的意义也始终充盈于此。NASA遇上了这个开发新一代太空飞行工具的好时机，研制了"航天飞机"——一种像火箭那样垂直喷火升空，却像飞机那样滑行降落的可重复使用的飞船。这也是人类制造过的最重的飞行机器。

鉴于"阿波罗计划"开支高企，NASA认识到应该制造一种性价比更高的飞行器了。这一愿望的目标产物拥有一个读来很有韵味的名字——太空穿梭系统（STS），也就是后来驰名世界的航天飞机。航天飞机让NASA开启了新的纪元，攀上了继阿波罗登月之后又一个辉煌的高峰；航天飞机也让太空飞行的方式更新换代，并在接下来的30年里独领风骚。

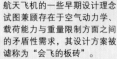

航天飞机的一些早期设计理念试图兼顾存在于空气动力学、载荷能力与重量限制方面之间的矛盾性需求，其设计方案被谑称为"会飞的板砖"。

太空货运卡车

关于航天飞机的计划，早在阿波罗11号在月球上着陆之前的几个月就已经发端了。NASA内部一个有先见之明的智囊团提出，未来的太空飞行器不但应该有着更加低廉的发射成本，还应该对科学用途和军事用途有着广泛的兼容性，同时也最好能够承担太空货运的任务，能通过把商业卫星送入轨道来创造经济效益。

我们早已熟悉了一架白色的航天飞机在绕地轨道上航行的画面，然而这个白色的东西其实只是航天飞机的核心部分，如果它单凭自己，无法从地面飞入太空。为了发射航天飞机，早期供发射较重物体上天用的多级火箭技术被做了相应的改进。最终去飞行的航天飞机自身基本不带液氢和液氧燃料，它在发射期间是靠一个巨大的外置燃料舱来提供动力的。机身附着在这个燃料舱侧面，飞到太空边缘时将燃料舱抛离。用毕的燃料舱会在落回大气层的过程中因高温而烧毁，这也是航天飞机这种可多次使用的飞行器中唯一不能重复使用的部分。发射过程的最后几个步骤要依靠固体燃料推进器，这种"史上最大烟花"负责补足航天飞机机身进入任务轨道所需的最后一点动力。机身入轨后两分钟，固体推进器也会被抛离，但它们带着降落伞，回到45千米之下的地面后可以重新装填燃料，以备下次使用。

太空船一号

与阿波罗计划平均每次 180 亿美元的花销相比，航天飞机每次飞行平均 4.5 亿美元的成本虽然依旧不菲，但也足以使它成为迄今最便宜的可多次使用的载人航天工具了。不过，一架属于私人的太空飞行器在 2004 年的两周之内两次进入太空，带来了突破这个纪录的希望，并赢得了 1996 年创办的"X 大奖基金" 1000 万美元的奖励。这架名为"太空船一号"（Space Ship One）的飞行器使用火箭引擎，能到达 100 千米高度（刚好进入太空），但它必须从一架飞行于高空的喷气动力母船上起飞。不过，这种发射方式正在逐渐成熟，有可能成为未来进入太空的常见方式。

薪尽火传

第一架航天飞机叫作"企业号"，但只是在 20 世纪 70 年代后期在大气层中做了测试，并未真正飞往太空；第一架真正为太空飞行而准备的航天飞机是"哥伦比亚号"，于 1981 年首次发射。后来的四架航天飞机都借用了广为人知的舰船名字：挑战者号、发现号、亚特兰蒂斯号、奋进号。后期的这几架航天飞机在设计上都降低了自重，以便能携带更多一点儿货物到太空中去。

航天飞机能够把新卫星送入多种不同高度的飞行轨道，能够回收报废的卫星，能够发射太空探测器，也能够携带需要在失重环境下运作的科学实验室，还能够把航天员送往空间站。如此繁多的功能，促使苏联也仿制了一架航天飞机"暴风雪号"（Buran），不过它只在 1988 年飞行过一次。尽管美国航天飞机有着上百次的成功发射经验，但这种太空运载工具的表现并不能完全令人放心，"挑战者号"和"哥伦比亚号"两架航天飞机最终都在执行任务过程中全毁，导致 14 名宇航员牺牲。2011 年，航天飞机完成历史使命。目前，能够往返太空且可多次使用的飞行器中，只剩下美国空军的一种 X-37 太空飞机还在服现役。人类的下一代多次太空飞行器尚停留在我们的期待之中。

航天飞机的在轨飞行部分，以有效载荷舱为主体，这里可以装载最多 30 吨的科学仪器或者人造卫星，将其带进较低的绕地飞行轨道。

83 无形巨手

地球围绕太阳运转，太阳围绕银河系的中心运转。银河系也并非固定不动，它正在和"本星系团"中的其他成员星系逐渐彼此接近。但是，目前看来还有一股巨大、神秘、潜在的力量正在阻止这种聚集倾向。

描述宇宙膨胀的哈勃定律指出，我们之所以看到遥远的天体有红移，是因为它们正在远离我们——宇宙的膨胀让它们发出的光波在到达我们眼睛之前被拉长了。同时，这些遥远的星系之间彼此看来也是红移的，也就是说遥远星系之间彼此都在变远。不过，1986 年的巡天数据显示，红移的程度并非在任何方向上都一致。这种宇宙膨胀速度的不均衡，缘于某种质量 1 万倍于银河系的物质造成的引力环境异常。我们虽然还未完全摸透这种被叫作"无形巨手"（The Great Attractor）的引力异常，但已经通过它施加作用的方式知道，它带有许多延伸甚远的质量臂，质量达到星系团的级别。看来，宇宙的物质分布比我们想的更加不均衡。

84 与彗星邂逅

哈雷彗星是人类熟悉的老朋友了，不过，它在1986年的回归才首次赶上了人类的太空时代——结果不用说，人类的探测器几乎成群结队地飞向了它。

哈雷彗星举世闻名的 76 年周期已被天文学家哈雷确定（不然还能是谁？），因此几百年来人们对其回归胸有成竹。与以往相比，1986 年回归时，哈雷彗星与地球的距离稍远一些，导致很多人没能直接看到其标志性的大彗尾。不过，各国的航天部门早已秣马厉兵，要用探测器对它做近距离观察访问。

1986 年 3 月中旬前后，来自不同国家的 5 个探测器先后升空，前往哈雷彗星附近。此时，国家间的竞争已不重要，各个探测器的任务流程是彼此协调配合的，确保获得最佳的考察结果才是人类的共同目标。NASA原本还打算派航天飞机升空进行观测，但遗憾的是，此前 6 周"挑战者号"的失事

"乔托号"探测器是在某种科研卫星的设计基础上增加了防尘设施改造而成的，以便在接近彗星时躲开大量星尘的威胁。其防尘层是用芳族聚酰胺纤维制造的，这种材料也被用于制作防弹衣。

历史上的乔托

  在历代的文化遗产中，哈雷彗星有着多次亮相，它也是最为明亮的短周期彗星。所谓短周期彗星，不但意味着具有相当固定的回归周期，而且应该能在约合正常人一生的时间内再次光临。而长周期彗星的两次回归之间有可能相距几百年、上千年甚至更久。哈雷彗星在艺术史中最著名的一次登场应属 1304 年的一幅描绘耶稣诞生故事的油画"三博士来拜"（Adoration of Magi）中出现的"伯利恒之星"，而这幅画的作者就是意大利画家乔托（Giotto di Bondone）——"乔托号"探测器就以他为名。乔托目睹了哈雷彗星在 1301 年的回归，而在他的画作中，也正是这颗拖着尾巴的明亮球状天体引导着三位博士（指国王或贤者）从波斯地来到犹大地。

令此计划被迫取消。不过，NASA 很快改装了一架早先的探测器——国际彗星探险者号，用它去拍摄哈雷彗星的高清晰照片，此时哈雷的彗尾长度已经超过了太阳的直径。日本的两个探测器"彗星号"（Suisei）和"先锋号"（Sakigake）彼此保持一定距离飞行，以便研究彗星的经过给周边的空间环境带来了哪些影响。苏联的两颗"织女号"（Vega）探测器在向金星表面投放了着陆器之后，也飞向哈雷彗星，并从离其尘埃核只有几千公里处掠过，拍到了彗发和散逸出的气体的形状。最精彩的戏码则在最后上演，"乔托号"（Giotto）直插彗发深处，从离彗核仅 596 千米处飞过，在离这一最近点仅 14 秒时，探测器的信号中断，不过它已经送回了不少有价值的数据。（后来，地面控制团队终于恢复了与"乔托号"的联系，并让它在 1992 年访问了另一颗彗星。）

"乔托号"在离哈雷彗星本体极近处拍下了它的彗核。

这次都看到了什么

  "乔托号"对哈雷彗星的探测，印证了关于这颗彗星是一颗巨大"脏雪球"的猜测。岩石和冰组成一个约 16 千米长、8 千米宽的团状物，表面覆有厚厚一层极细的尘埃，这就是哈雷彗星的真面目。当彗星运行到靠近太阳的位置时，太阳风这种高能粒子流会轰击彗核和周围的区域，使其升温，导致彗星表面开始皲裂，并从裂隙中逸出气体，并形成一条越来越长的彗尾，其主要成分是气体分子、等离子体和尘埃，这就制造了一个违反很多人直觉的事实：即使是在彗星急速远离太阳的途中，彗尾依然是背向太阳的。当然，彗星离太阳越远，也就变得越暗淡了。

  "乔托号"曾被彗星喷射出的尘埃击中，从而失控。对这些彗星尘埃的分析显示，其物质成分具有长达 45 亿年的历史，是太阳系形成初期的遗存物。

85 超新星 1987A

SN 1987A，这个貌不惊人的代号却表示天文史上一个重大事件，那就是自望远镜发明之后最亮的超新星爆发。1987年2月23日，来自这颗爆发了的巨星的光芒到达地球。这颗星爆炸时，人类文明远未诞生，但天地运化的巧合，却让它成了人类明白超新星的性质之后第一颗能用肉眼看到的超新星。

当一颗巨大的恒星到达其生命周期的终点后，它会发生爆炸，亮度明显增大，并可能成为夜空中一个新出现的小亮点，这种情况可以归入"新星"（nova）。不过，并非所有新星都标志着有恒星彻底瓦解，所以天体物理学家又将那些由恒星完全崩溃造成的新星单独称为"超新星"（supernova）。有一种学说估计每 50 年就会出现一颗位于银河系以内的超新星，其中最有代表性的是 1604 年超新星——不过，从那时到如今，银河系内尚无其他超新星被观测到。在 1987 年 2 月 23 日的世界时 7 点 53 分，散在世界各地的几个物理实验室突然侦测到了一共 24 个反中微子（这种极小的粒子是在原子分裂时才会产生的），经过计算分析，这一高得反常的数字意味着在那个瞬间其实有多得令人瞠目的 10^{58} 颗（相当于 1 后面跟着 58 个 0）这种粒子在各个方向上飞过。3 个小时之后，这次爆发的第一缕强光在奔驰了 16.8 万年之后到达了地球，在此后的几个月之内，这颗原本极暗的星可以用肉眼看到。用当时最好的望远镜所做的观测表明，此星闪耀的光芒还照亮了它周围一个炽热的等离子体层。

天文学家们最初推测 1987A 的残骸将形成一颗中子星，不过，在其爆发遗迹中至今还未观测到有关证据，而且它显然也不会成为黑洞。因此，第三种理论在此出现：它的残骸变成了一颗"夸克星"，这种天体的密度比中子星更高，连中子都在自身重力下发生了塌缩，变成了一堆夸克。

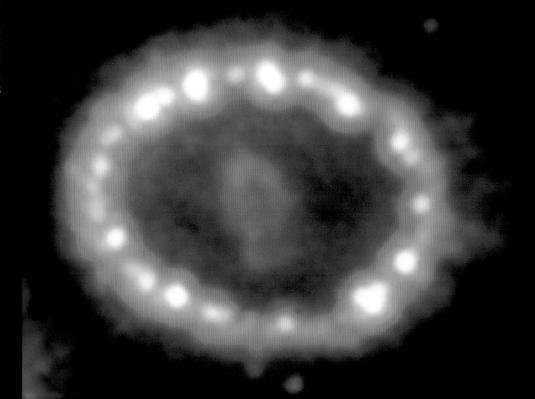

86 麦哲伦探测器

金星被浓厚的云层包裹着，这让它在我们眼中格外神秘。不过，1990年抵达金星的"麦哲伦号"探测器几乎一劳永逸地替我们揭开了金星的面纱。

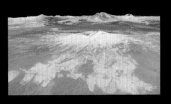

人类对金星的宇航探测之路并不顺利。早期的几个探测器都在金星超强的大气压下变形失效，后续的探测器虽然经过加固设计，却往往又毁于金星表面如同烤炉般的高温。"麦哲伦号"的抵达则堪称别开生面，它绕着金星飞行了四年，用能够"看穿"金星那浓密且有腐蚀性的大气的雷达系统，绘制了这颗行星的表面地形图。根据它传回的情报，金星表面流布着很深的火山岩浆，恍如神话中的地底火狱。探测在金星表面发现的陨击环形山只有寥寥几个，这说明金星表面的地形特征可能每隔不久就会被熔岩"翻新"一遍。地球的壳层可以被熔岩塑形，但金星的壳层极其坚硬，于是其内部压力越积越大，最终必须靠一次令整颗星球"天翻地覆"的岩浆喷发来缓解。

这是金星上的撒帕斯（Sapas）火山的一幅假彩色图像，不同颜色表示不同的反射波长，由"麦哲伦号"探测器的雷达图像汇集而成。

87 宇宙微波背景探测器

1992年，人们发现宇宙的微波背景辐射分布中存在一些"涟漪"，这一现象又为大爆炸理论增添了一块坚固的基石。

"宇宙微波背景"（CMB）可以简略理解为当初那次大爆炸遗留下的、正在减弱的"回音"。它是那次旷世的能量大爆发的最后线索，能够在微波（波长最短的一种无线电波）波段上被辨认出来。CMB最初是在1964年被两位射电天文学家偶然发现的，但如今已成为大爆炸理论的坚实证据，并由此帮助大爆炸理论成为当今宇宙学的主流理论。

一幅CMB分布图，呈示了来自天空各个方向的微波辐射状况。

根据这个理论，在大爆炸之后最初的千分之一秒内，由大爆炸创造出的物质就被与之数量基本相当的反物质给湮灭掉了。不过，如果二者数量真的完全相等，那么整个宇宙只需几分之一秒的时间就会变得完全空寂虚无。"宇宙微波背景探测器"在CMB中发现的"涟漪"说明，在当时那个胚胎期的宇宙中，物质的分布并非完全均匀，导致少量物质残留在了总体上很空旷的宇宙之中，这些物质构成了我们看到的星系与恒星。

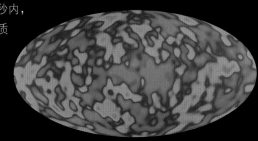

88 哈勃太空望远镜

这是哈勃太空望远镜拍摄的"草帽星系"，是它带来的无数照片中的一张，这些照片在21世纪重塑了我们对宇宙的许多认识。

哈勃太空望远镜（HST）是在耻辱的阴影下一举"逆袭"成功的。这架曾犯下天文史上代价最昂贵的错误的望远镜，如今已是我们最为依赖的观天之眼。

　　在用望远镜进行天文研究的历史上，把望远镜做得更大，曾是必然的追求。在透镜浇铸得越来越清澈、打磨得越来越圆润的同时，制作口径更大的望远镜，收集更多的星光也就有了技术基础。不过，口径也不能决定一切，对于顶级巨镜来说，它们还需要一片宁静稳定的天空，所以世界级的天文台都倾向于建造在那些空气稳定、很少阴雨的干旱地带的高山顶上。但是，大气层给光线带来的影响还是很多的，例如光线在空气中传播时会出现闪烁和抖动，而且其他一些宇宙辐射（例如紫外线和X射线）很难穿透大气层到达地面。在宇宙真空中则不会有此问题。1923年，德国火箭技术的先驱者赫曼·奥伯斯提出，把望远镜送到环绕地球飞行的轨道上，可以获得地面上无法找到的通透夜空。

镜片，镜片

太空望远镜的方案在"哈勃"之前已经有所尝试，"天空实验室"里就带着一架。从 20 世纪 60 年代起，NASA 就把发射太空望远镜作为空间探索的目标之一。但是，经费的削减和频发的事故，使得哈勃太空望远镜迟至 1990 年才得以升空——"发现号"航天飞机把这个 12 吨重的大金属筒送到了离地面 559 千米的高度。

"哈勃"的起步看来不错，这架口径为 2.4 米的望远镜（这跟众多地面望远镜相比，并不算很大）发回的图像比以往的图像清晰很多。不过，人们很快发现这个清晰度远远没有达到当初设计时的标准。原因很快被查明，其主镜的形状有偏差，尽管只是几纳米（一米的十亿分之一为一纳米），却导致成像质量比预定的观测任务所需的质量差了 10 倍。

在极端仔细地研究过这个偏差之后，NASA 于 1993 年派了一组宇航员乘坐航天飞机去给"哈勃"戴"眼镜"——新加的组件弥补了原来的缺陷，成像质量终于达到了设计标准。这次修复任务也无可撼动地印证了航天飞机设计理念的强大，"哈勃"被固定在航天飞机有效载荷舱外，宇航员通过 10 天的舱外工作，安装好了所有补正设施。

遥望宇宙洪荒

在某种意义上说，哈勃太空望远镜像一架"时间机器"。它可以更好地观察远在几十亿光年之外的天体，让当时的地面望远镜难以企及。这也意味着这些天体的光线在撞到"哈勃"的主镜之前，已经飞行了几十亿年之久，而它们所成的像，也代表着这些天体在几十亿年前的样子。换句话说，哈勃看到的遥远太空，是宇宙更为年轻时的情况。目前它最远能看到 130 亿年前的景象，那时整个宇宙或许还只有 5 亿岁（不过后面这个数字尚难彻底确定）。

"哈勃"的光路结构属于卡塞格林式反射镜，这一结构在 1672 年被法国人设计出来，但长期存在于牛顿式反射镜的阴影之下。卡塞格林式反射镜也使用一面主镜收集光线并送往副镜，但其副镜反射的光是通过位于主镜中心的一个洞传递出去的。像我们日常使用的数码相机一样，"哈勃"的光学系统也是电子控制的，可以把图像发送给地面上的专家们。

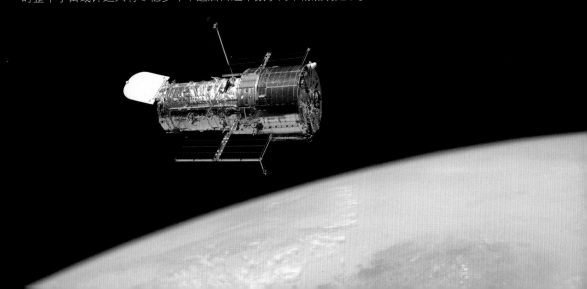

89 彗星大冲撞

太空探索的成就，与对每个环节、各种情况的万全考虑密不可分。1994年7月，当一个十分意外的天象发生时，我们正好有一架能用于取得第一手资料的探测器。于是，天文学家们得以观看有确切记载以来规模最大的一次天体冲撞。

"舒梅克－列维9号"撞击木星时，其撞击点在地球看来不巧处于木星背面。不过，由于木星的自转速度是地球的两倍，撞击点很快就转到了地球上能看到的方位。撞击在木星的带状云层中制造了一些暗区，十分醒目。

幸好这次挨撞的不是地球，而撞来的彗星大小也只有6900万年前撞击地球的那颗彗星的1/10，后者的撞击导致了恐龙的灭绝。尽管如此，如今这次冲撞的等级也非常之高。彗星的名字叫作"舒梅克－列维9号"，是由天文学家舒梅克夫妇（Carolyn Shoemaker 和 Eugene Shoemaker）和他们的同事列维（David Levy）共同发现的第9颗彗星，发现时间是1993年。这颗彗星的行为有些古怪，它并不绕着太阳转，而是绕着木星转（此后又发现了一些这样的彗星，但它是第一个），其周期约为2年。从观测资料推断，它1992年回归时飞得离木星太近了，被木星的引力扯碎成了21块，而1994年再次回归时，必将撞进木星。

这种级别的碰撞大约每200年才有一次，所以科学家们绝不愿意错过研究的机会。所幸，"伽利略号"探测器当时正在飞往木星的旅途中，控制中心果断调整了它的姿态，使其照相机对准了即将发生冲撞的方向。专家们预计，撞击点附近将有很多来自木星深层的物质被翻搅出来，但实际看到的却是一些暗色瘀斑状的硫化氢，还有一些来自木星的次高层云的硫磺。这说明"舒梅克－列维9号"彗星迸溅成的碎石和碎冰并未像预想的那样径直穿入到木星大气的深处。

伽利略号撞击木星

在"舒梅克－列维9号"精彩谢幕之后，"伽利略号"继续向木星飞近。它抵达木星上空后的第一项任务就是向木星大气层内投放一个小型探测仪。这个强悍的球形小仪器直插木星深处，在被木星的压力彻底摧垮之前不断发回数据。随后，"伽利略号"进入了一个非常复杂的绕木星运转的轨道，这个轨道使得它既有机会仔细观察木星的几颗卫星，又有机会从木星的云层顶端掠过。"伽利略号"充分更新了我们对木星的知识，而木星系统也是目前地外生命现象的最热门候选者。2003年，这个探测器完成使命，脱离轨道，烧毁在木星的大气层中。

90 前进，SOHO

"太阳和太阳风层天文台"（简称SOHO）在太空里直接观察太阳，做这件人眼做不到的事情。自1995年发射以来，它的任务期限已经被延长了7次。由于它的太阳能电池板不愁能量来源，所以再继续工作许多年也并非难事。

　　站在地球的角度看来，与行星、彗星、小行星们的位置相比，太阳的位置显然固定得多，因此，太阳探测器的"发射窗口"（即合适发射的时间段）也远远宽于其他探测器。宽裕的发射窗口，让科学家们有充分的时间来探讨如何对太阳进行更完美的探测。20世纪60年代，NASA的"先锋号"计划发射了四颗探测器，它们以不同的角度组成了一个阵型，与太阳的距离同地球到太阳的距离差不多，用于监视"太阳天气"——例如太阳风的强度和太阳磁场的变化。90年代初，欧洲的探测器"尤利西斯"（Ulysses）从太阳的极点上空飞过，并且发现日冕（即太阳的等离子体光晕）在太阳的极区消失不见。

　　SOHO则带有12个侦测设备，其中大多数设备也有着响亮易记的简称，例如SWAN、GOLF、VIRGO之类，它们大都利用紫外波段来观察日冕及其外侧更为宽大的太阳风层，同时通过监测"日震活动"（即太阳表面的膨胀和回落）来研究太阳内部发生着的变化。SOHO位于"太阳－地球"系统的1号拉格朗日点附近的绕日轨道上，离太阳近乎1.5亿千米，离地球仅约百万千米，所受的太阳引力和与之反向的地球引力几乎一致，所以公转周期也与地球基本相等，公转轨迹与地球的轨迹基本平行，可以说对太阳拥有极佳的观察位置，也很利于与地球进行通信。

由于陀螺仪故障，SOHO曾在1998年与地球失去联系，时间大约两个月。后来，人们用强大的空间雷达重新确定了它的位置，然后向它发送了新的控制程序，使它恢复了运行。

91 发现外星生物？

早在150多年前，"火星上存活有地外生物"的想法就开始广泛流传了。有人把火星人想象成矮小的绿色生物，并且是好战的侵略者；也有人认为火星人一直在观察地球人，是守护着地球人的外星种族。因此，第一份根据火星物质样本得到的关于火星生命的科学报告出炉，并不值得大惊小怪。不过，其报告内容本身也确实没什么太过惊奇的东西。

至今为止，所有的火星探测任务均不含把火星物质样本送回地球的内容，不过这并不意味着我们从未在这个褐红色的小邻居身上取过样。火星像地球和其他岩石质的行星一样，都遭遇过许多流星体的撞击。其中，一些个头比较大的流星会把火星的物质撞飞，令其溅入太空。这些物质中，必然有一小部分会进入地球引力的控制范围，从而也化作流星，落向地球。因此，虽然迄今没有任何探测器把火星取样送回来，但其实组成地球的物质中有极少的一部分本来就是火星物质。每时每刻，都有流星撞向地球，差不多每24小时内就有2颗足够大的流星体在落到地面的时候尚未燃尽，成为陨石。绝大多数陨石都没有被人找到，结果慢慢融入了地球的岩石圈中。若想轻松地找到陨石，南极洲大陆可能是个好去处，因为深色的陨石在一大片白皑皑的冰雪中非常显眼。1984年，一位在南极找陨石的"陨石猎手"找到了一块特别的陨石，这颗被编号为ALH84001的陨石后来被证实是火星的碎片。

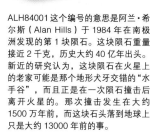

ALH84001这个编号的意思是阿兰·希尔斯（Alan Hills）于1984年在南极洲发现的第1块陨石。这块陨石重量接近2千克，历史大约40亿年出头。新近的研究认为，这块陨石在火星上的老家可能是那个地形犬牙交错的"水手谷"，而且正是在一次陨石撞击后离开火星的。那次撞击发生在大约1500万年前，而这块石头落到地球上只是大约13000年前的事。

察之入微

1996年，NASA的科学家借助电子显微镜细致地观察了这块陨石，结果发现了一些特征，很像已经变成了化石的细菌。这说明火星上在远古时代很可能有过生命。虽然有些人认为这些微型的"火星人"只是NASA的附会，但NASA显然以此为契机要到了更多的科研经费，向火星发射专门的探测器去寻找关于火星生命的更好的证据。

火星岩石中发现了具有生物形态的特征，令当时的美国总统克林顿都为此做了电视讲话。不过，质疑者们指出，这些"细菌化石"太小（长度不足100纳米），所以甚至容不下生命必备的RNA，退一步说，即便它们与生命有关，也可能是岩石在地球上受到沾染所致。

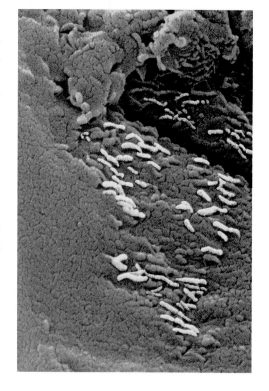

暗能量

宇宙在演化过程中，随着时间流逝，膨胀速度会越来越慢——从牛顿到爱因斯坦，再到哈勃，大家的理论都认同这一关于宇宙膨胀的简单而基本的描述。不过，1998年一次恒星巡天的结果，动摇了我们关于时间和空间的这一理解——我们依然生活在一个充满未知的神秘宇宙中。

70年来，哈勃定律无可置疑：宇宙中所有的遥远星系之间彼此都在继续远离。大家都知道这源于很久以前那次被称为"大爆炸"的物质爆发。不过，牛顿那已经历经数百年考验的定律也依然有效：万有引力会使物质有彼此汇聚的倾向。所以，共通的理性告诉我们，宇宙的扩张会逐渐放缓，所有星系最终会被万有引力彼此拉近。于是我们自然会问：引力究竟是否终有一天会遏制现在的膨胀？宇宙是否会陷入一场"大凝聚"？或者，大爆炸提供的能量是否足以战胜引力的作用，让宇宙无限膨胀下去？

引力与物质的数量成比例。目前主流学界认为，宇宙中的大部分物质都是我们看不见的，也就是"暗物质"。只有设法测出宇宙膨胀减速的趋势到底有多猛，才能帮我们"照亮"这些诡异的暗物质，以便研究它们。为此，人们开始针对Ia型超新星进行巡天。这种超新星源于一种由一颗主序星和一颗白矮星组成的双星系统。白矮星不断地从体积较大的主序星身上吸取质量，使自身质量逐渐达到"钱德拉塞卡极限"，从而足以爆发成为一颗超新星。所有Ia型超新星的质量和亮度都相仿，因此可以作为"标准烛光"，用来测量它所在的星系与我们的距离——我们眼中越暗的Ia型超新星，必然离我们越远。另外，天体的红移可以说明它正在以多快的速度远离我们，所以根据原有的认识，更远（也就是更古老）的星光的红移要大于近些（也就是年轻些）的星光。从远古星光的红移，可以推知那时宇宙膨胀的速度，用以和当前的宇宙膨胀速度做比较。

但是，此次巡天的结果一出，震惊了天文学界：重力没能让一切物质产生"回头"的趋势，宇宙膨胀的速率非但不是在降低，而是在不断提高！这种加速膨胀的幕后力量目前仍难以捉摸，我们称它为"暗能量"。我们只见得到它的作用结果，却无法对其进行测定。目前有些关于暗能量的本质的理论，它们正在尝试把广袤而虚无的时空在有可能的最小量级上与物质和能量联系起来。看来，真空也可能含有一些能量，甚至在已知的真空之外可能还有更多的真空。

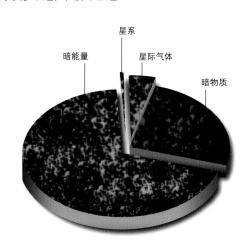

暗能量　星系　星际气体　暗物质

目前测得的不断加快的宇宙膨胀速率，说明恒星、行星等包含的物质在宇宙中所占的比例比我们原先想的还要低——在宇宙所有的物质中，我们可见的物质还占不到1%。另外，星际气体和尘埃虽然很难被看到，但好歹还属于我们常识中的物质，加上它们，这个比例也只有4%。除此以外，就是我们难以理解的暗物质（占22%）和暗能量（占76%）了。

93 太空中的国际

在20世纪90年代里，国际政治局势缓和，因此在太空工程方面也有了更多的跨国合作。1998年发射的国际空间站（ISS）代表着这种合作的顶峰，它至今仍是人类发射的最大的太空飞船，接待过来自15个不同国家的宇航员乃至付费太空游客。

苏联"和平号"空间站的成功，展示了一条以更低成本进行更长时间太空任务的道路。将大量的荷载送入太空，向来是航天发射中最昂贵的环节，但是"空间站"一经建立就可以供多名航天员长期在太空居住，而运送生活给养和替换航天员的工作只需要相对较小的火箭就能完成了。

国际空间站的构想，部分源于从苏联全盛时期调整转型而来的、财力不足以承担"和平2号"发射任务的俄罗斯宇航局。很快，美国人就搁置了原定的发射美国自己的空间站"自由号"的计划，转而与已经化敌为友的俄国人成为合作伙伴。1998年，欧洲人和日本人也加盟行动，将自己原先构想的空间站融入这一跨国工程。当空间站的第一个模块"Zarya"（俄语意为"黎明"）

国际空间站的巨型太阳能电池板阵列，总面积接近一个橄榄球场。每年，我们都有多次机会在日暮或黎明前后用肉眼看到国际空间站，它反射着耀眼的阳光，以均匀而明显的速度在天幕上飞过。

建好后，以制造太空机器人而闻名的加拿大航天局也加入了合作阵营。

2000年，已在太空飞行了15年的"和平号"功成身退，坠入南太平洋。而在"和平号"谢幕之前不久，国际空间站迎来了它的首批长住客人。从那时起，国际空间站不断地被扩建，目前已经拥有12个可以住人的压力舱——不但有实验室、宿舍，甚至还有可以用来仰望星空的圆顶。美国航天飞机彻底退役之后，国际空间站的补给任务全部交给了位于哈萨克斯坦境内荒漠中的拜科努尔航天中心。宇航员在空间站里生活，目前已经成了常态，这也促成了"科学家型宇航员"逐步取代"战斗机飞行员型宇航员"的潮流。2001年，美国富商蒂托（Denis Tito）付了2000万美元，得以在国际空间站的俄罗斯舱内生活了8天，他也是历史上第一位自费太空游客。

94 地球家园是独一无二的吗

地球是我们已知的唯一有生命的星球。当然，随着地球上维持生命所需的各种物质被我们熟知，有许多天文学家相信地外生命几乎肯定存在。不过，2000年，一位研究地球的科学家和一位空间科学家加入了"地球唯一论"的阵营，主张地球的环境在宇宙中是极为罕见的，甚至是独一无二的。

在 20 世纪 30 年代，越来越多的证据显示太阳系离银河系的中心很远，这为后来关于宇宙的哲学沉思奠定了一个基调：我们的太阳、太阳系，以及承载着生命的星球，并不是多么特殊的存在，生命的出现，所需的只是物理和化学的定律，以及一个能够供"原始汤"(primordial soup)生成某些生化物质并允许其成长和繁殖的恰当环境。而保证这些条件能出现的，是一种叫作"黄金轨道带"的区域，其温度适中，不太冷也不太热。地球恰好处于太阳系的黄金轨道带中，于是成了太阳系中唯一可以在表面保有液态水的星球——生命现象也就随之发生。

来得容易去得快

然而，地质学家瓦尔德(Peter Ward)和太空生物学家布朗利(Donald E.Brownlee)却于 2000 年提出，地球在宇宙中是极为罕见的情况。他们并不反对生命能在宇宙中很多星球上诞生的观点，但他们认为像地球这样能让生命长久演化发展下来的星球堪称非比寻常。行星表面的生命很容易被邻近恒星的伽马射线爆发或是彗星的猛烈撞击给扫荡殆尽，即便是不那么具有彻底毁灭性质的天体冲撞，也能轻易造成物种的大量灭绝。像地球这样处于黄金轨道带内的星球，至少需要在 35 亿年内不遭受任何具有彻底毁灭力量的意外打击，才能让生命繁衍进化成今天这么丰富多样。正是这样的多多少少颇为幸运的星球，才最终出现了能够追问自身在宇宙中的位置的物种。如此看来，我们为何不能说地球也许是很特殊的，乃至独一无二的呢？

地球所受的福泽是从哪里来的呢？我们有月亮这颗很大的卫星，它的引力使得地球内部保持热度，由此增强了地球的磁场，可以抵御更多的宇宙射线的侵袭；木星，这颗离太阳更远一点的巨大的兄弟行星，也用它的引力帮地球年复一年地扫除了很多本来可能撞向地球、造成灾难的彗星。

地球历史上最近的一次大规模物种灭绝发生在 6900 万年前，一颗直径 10 千米的星球撞在了今天墨西哥的位置上。如果从那时到现在之间再有一次这种规模的撞击，我们人类的文明恐怕压根儿就不会开始了。

95 近地小行星交会计划舒梅克号

太空探索中的另一个第一，出现在2001年，一架小型探测器在一颗小行星上着陆。小行星是种绕着太阳转动的"大岩石"，它的个头尚不够大行星，但已足够被人类观察到。对于小行星，人类特别感兴趣的是那些"近地小行星"，因为它们有可能撞上地球。

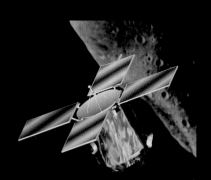

"近地小行星交会计划"有个很恰当的英文缩写"NEAR"（正好是"近"的意思）。为了纪念当时刚去世的、以小行星研究见长的杰出的天体物理学家舒梅克，该计划已发射并处于飞行途中的探测器又被加了一节名字"舒梅克"。该探测器飞向一颗名叫"爱神星"（Eros）的小行星，此星呈花生形状，长轴有 34 千米，在绕太阳公转的过程中频繁地接近地球。不过，由于发动机出了问题，NEAR 舒梅克号错过了进入最佳飞行轨道的机会，不得不先绕太阳飞行，等待 2000 年初另一个入轨时机。2001 年，它终于降落在爱神星那狭窄的腰部位置，并在此后连续 14 天发回探测数据。对爱神星表面重力情况的勘测发现，其重力在其膨大部分的尖部更强，所以，如果把一粒小米丢在爱神星表面，不排除它有从低处往高处滚动的可能。

NEAR 舒梅克号在到达爱神星前，共旅行了 30 亿千米。天文学家们对爱神星兴趣浓厚，是因为它不断变动的运行轨道有朝一日可能与地球的轨道相交。如果地球和爱神星同时向这个相交处运动，麻烦可就大了。

96 奥尔特云和柯伊伯带

众多的彗星是从哪里来的？此乃天文学一大谜团，毕竟数十亿年来已有不计其数的彗星撞击过包括地球在内的太阳系里每个星球，但彗星总数未见减少。最终，在太阳系边缘，我们接近了答案。

当初，在太阳增大到足够点燃自己之后，它周围剩下的气体和尘埃盘逐渐形成了太阳系内的其他天体。其中，密度较大的物质如矿物岩和金属，在引力的作用下离太阳更近一些，形成了四颗"类地行星"，而靠外的四颗大行星则由低密度物质，如气体和冰（那里温度太低）构成。至于被称为"脏雪球"的彗星们，则是散碎的岩石与冰组成的，可说是从46亿年前太阳系初期残留下来的"边角料"。

20世纪50年代，荷兰著名天文学家奥尔特指出，彗星是从接近太阳系边缘处的碎冰块群中"流窜"到太阳系中心地带的"访客"，在它们的"老家"，它们彼此离得太远，从而无法靠引力形成行星。数光年外有一些较近的恒星，它们的运动可能会打破这些碎冰彼此之间在位置上的微妙平衡，令少量碎块在复杂的引力互动中被甩进太阳系中心区。但是，寻彗者们根据彗星绕日公转

用凝胶捕获彗星尘埃

2005年，如下图所示的"深度撞击"（Deep Impact）探测器向短周期彗星"坦普尔1号"（Tempel 1）发射了一枚"导弹"。这枚铜制的"长钉"在彗星表面激起了一团尘埃云，并留下一个可以被探测器侦测到的"陨击坑"。而在此前一年，"星尘号"（Stardust）探测器曾从另一颗彗星"维尔德2号"（Wild 2）的彗发区域中扫取了一些尘埃样本。这些被封存在凝胶中的彗星尘埃样本已于2011年返回地球。根据两次任务取得的样本推断，彗星上的物质呈由水冰和类似黏土质的尘埃混合而成的浆状。

的周期提出了异议——短周期彗星的周期不足200年，长周期的则有数千年，若长周期彗星被算作是从这个名叫"奥尔特云"的区域中出来的，那么短周期彗星应该有一个比奥尔特云近得多的"老家"。

许多未知的行星

自从人们认为海王星之外还有巨大的行星，即提出"X行星理论"以来，无人能直接观察行星们之外的太阳系遥远空间（对"X行星"的搜寻倒是帮我们发现了冥王星）。或许那里有许多比行星小多得多的天体，也许那里是短周期彗星的温床。

20世纪80年代，一项手动寻找这些假定天体的巡天工程开始了，它用的手法与30年代发现冥王星时所用的闪视比较法很类似。该计划后来很快借CCD之力而自动化了。CCD当今已是随便哪台数码影像设备中都能找到的光电器件了，但在当时还是尖端科技。随着计划的开展，人们在如今称为"柯伊伯带"的区域内发现了许多天体，这个区域以另一位痴迷星空的荷兰人——柯伊伯（Gerard Kuiper）来命名，此人曾在20世纪50年代指出，太阳系形成的过程必然留下由这类天体组成的一个盘状区域。不过，由于当时人们高估了冥王星的大小（当时认为冥王星与地球大小相仿），柯伊伯也曾经错以为这一区域很久以前就已在冥王星的摄动下被打散而不存在了。

柯伊伯带天体威胁冥王星地位？

海王星的卫星中，有一颗巨大的冰卫星，也就是海卫一（Triton），它在轨道上的位置总是与其他海卫保持"相对"。这种情况催生了一个假说，即海卫一本来是柯伊伯带里一个较大的天体，很久以前被海王星引力俘获才成了海卫。海卫一与月球差不多大，而这二者均大于冥王星；2002年，人们又发现了很多体积与冥王星不相上下的柯伊伯带天体（简称KBO，很难更精确地测定它们的大小）。这些"搅局者"将对冥王星"第九大行星"的光辉头衔产生不小的威胁。

太阳系的范围远不只一颗恒星、几颗大行星和一个小行星带这么点儿。事实上，这些只是太阳系的核心区，与整个太阳系比，面积只占很小一部分。目前认为，柯伊伯带是太阳系势力范围区域的一个中心圆盘，它连接着太阳系最外层的"奥尔特云"。

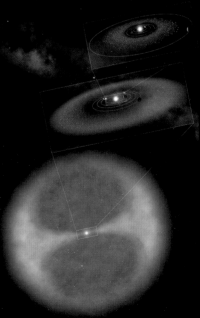

类地行星和木星

柯伊伯带

奥尔特云

97 发射火星车

宇航员驾乘着史上最强的载人越野车——月球车，行驶在月面上的场景，是阿波罗计划留下的最为著名的画面之一。在当时人们已经有了用高度自动化的无人越野车去探索其他行星的想法，只是无人能断定实现这一想法需要克服多少困难。

　　首个能在其他天体表面移动的越野车型探测器是苏联的"月球车1号"（Lunokhod 1），它有8个轮子，也是苏联在探月方面做出的主要技术贡献。这架长230厘米的、如同带轮子的浴盆一样的机器成本相当低，于1970年到达月面的"雨海"地区，随后用10个月的时间在月面移动了数千米，分析了月壤样本并发回了许多照片。它的电池靠太阳能发电板供电，在漫长的月球夜晚里，它会关闭部分功能，其余功能靠以无线电波为能源的加热系统来维持。

　　它的成功让苏联在1971年发射的第一枚火星着陆探测器中放置了一部摩托雪橇状的探测车，可惜该探测器以坠毁收场。1973年，苏联第二次成功发射月球车，此后便再无使用外星探测车的行动。

暂居

　　NASA也意识到火星车是探索这颗红色行星的最佳方式，不过他们真正实现火星车科学考察则是25年之后的事。1997年，"火星探路者"任务将一部名为"暂居者"（Sojourner）的小越野车送上了火星。这部以太阳能帆板提供电力的小车被装在一个由许多气囊组成的缓冲包里，投落到火星表面。从地球上的指令中心去操控"暂居者"可是个"慢工细活儿"，因为每道指令都要经过10多分钟才能传到火星车那里。在83天的时间里，"暂居者"一共行走了100米，发回了一系列到当时为止质量最佳的火星照片，并分析了火星土壤中一些据说与生命基因物质相关的痕迹——任何这类痕迹都可能是由现存的或已灭绝的外星生命现象所制造的。此后，更多的火星探测器被发射，但前往火星的旅途可谓艰险重重。

"机遇号"和"勇气号"越野探测车降落向火星表面——反推火箭负责降低其下落速度，最后10米的落程则由气囊负责保护探测车。不过，气囊撞向地面的时速仍高达100千米，这导致气囊在停下来之前弹跳了10余次，并翻滚了大约900米远。

寻找火星上的水

2004 年，NASA 开始筹划再次将人类送上月球，并计划在 2050 年前后用类似的方法送宇航员登上火星，这就是"星座计划"。该计划目前虽然没有更多进展，但在其策划期间，一个火星探测器却发现了这颗红色行星上有一种对于载人登陆计划而言极有意义的物质：水。将来的宇航员们要在干燥荒瘠的火星表面逗留数个月，水源的价值自然非比寻常。2008 年，"凤凰号"在火星北极区域着陆，并在那里的冻土地面上挖了个坑，在坑底阴影部分的细土中找到了类似水冰成分的碎块（图中左下部）。4 天后，这一发现被确认，而此时那几小块水冰已经融化掉了。

机遇号和勇气号

"火星探路者"之后的三个火星探测器均未能成功着陆，所以 2003 年底，身量大得多的"勇气号"（Spirit）登陆火星行动的成功化解了此前颇大的压力。数周后——此时已是 2004 年，"勇气号"的克隆姊妹车"机遇号"（Opportunity）也顺利降落火星。这两辆探测车的降落点都选在平坦地区，以便于气囊在弹跳中避免被障碍物碰到。探测车被一个金字塔形的保护壳罩住，着陆停稳后，保护壳会缓缓打开，形成坡道，供探测车开上火星锈红色的地面。

这两辆探测车都取得了空前的成功。它们都带有专门用来提取土壤和岩石样本的铲子和钻头，并装有用于分析火星岩石的仪器。它们的立体摄影机有两个镜头，像双眼那样观察火星的地貌，所测得的距离信息被我们制成了精度极高的火星沙漠全景三维模型。

"勇气号"于 2009 年跌入一处深沙区，无法再依靠自身力量逃出，从此成为固定的小科考站。不过，它未能熬过 2010 年火星上的冬天。在冬天里，它本应停泊在向阳的山坡下积攒能量，以待夏天到来，但当时已经不能移动的"勇气号"只得"坐吃山空"，于 2011 年耗尽了电力。幸运的是，"机遇号"至今仍然表现得很健壮。

2012 年，NASA 的"火星科学实验室"任务成功地把"好奇号"（Curiosity）探测车送到火星，又一次战胜了火星探险的"魔障"。这部探测车像火车站上的货运小车那么大，由一个盘旋的飞行器吊着放向火星表面。或许，未来终有一天，人类能亲自"驾车"在火星上巡游吧。

"机遇号"火星车是"勇气号"的孪生姊妹车。它像高尔夫球场上的电瓶车那么大，但速度要慢得多。它完全依靠太阳能来产生电力，理论上可以无限期地运行下去，但现实中最终会被火星上严酷的冬季环境所击败。

98 探访土卫六

荷兰人惠更斯和法国天文学者卡西尼为我们留下了关于土星光环和土星卫星的第一份科学描述。1997年，"惠更斯号"和"卡西尼号"两个自动化探测器启程前往土星，对其光环做了近距离的巡礼，并首次在其他行星的卫星上降落。

核动力太空探测器"卡西尼号"是由 NASA（美国国家航空航天局）和欧洲航天局联手发射的，它还带有一个小的着陆探测器"惠更斯号"。这次探险任务可谓一路美景：探测器要先绕金

星飞行两圈，然后借助其引力，加速飞向木星，最终在2004年抵达土星，穿行于土星的多条环带之间。土星的环带厚度只有数米，但宽度却达到土星的两倍。"卡西尼号"对土星的多个卫星做了考察，并在2005年将"惠更斯号"投进了土卫六（个头最大的土星卫星）那橘红色的云层之中。土卫六的表面覆盖有大量冻成固态的甲烷，还有由丙烷和其他很多更复杂的碳氢化合物组成的海洋。

"惠更斯号"着陆器是第一个降落在其他行星的卫星上的探测器。它落在了土卫六表面一片混杂着岩石的泥泞区域，随即开始发回照片和大气数据，坚持工作了90分钟。

99 矮行星

2006年，冥王星被决议降级为"矮行星"，让太阳系"九大行星"变回"八大行星"。此前一年的探测和研究表明，冥王星所在的区域里有许多小天体，而且冥王星断然不可能是其中最大的。

冥王星的质量，最初被认为比水星要略大一些，但1978年发现冥王星有一颗硕大的卫星——冥卫一，于是这个质量就必须分摊到冥王星和冥卫一身上。冥卫一的名字 Charon 取自神话中把死者灵魂渡过冥界之河的船夫，这颗卫星的身量达到了冥王星的1/3。有人建议，应该把冥王星和冥卫一看作"双行星"，并使其保有大行星的地位。不过，随着对柯伊伯带的探测的全面深入，不少比冥王星更大的天体出现了，这样，重估冥王星的身份已是势在必行。

2005年内，阋神星（Eri）在柯伊伯带内被发现，它比冥王星稍大。这促使国际天文学联合会决定在2006年的代表大会上对冥王星的地位问题做个了结。冥王星、阋神星、妊神星（Haumea）、鸟神星（Makemake）和其他两颗柯

这幅图按比例绘出了地球、冥王星、冥卫一、月球的大小，中间的两颗星就是冥王星和冥卫一。冥卫一的发现，彻底改变了人们自1930年以来对冥王星的认识。2005年，两颗更小的冥卫被发现，它们是冥卫二（Nix）和冥卫三（Hydra）。2011年和2012年，又分别发现了冥卫四（Kerberos）和冥卫五（Styx）。

伊伯带天体，与最大的小行星——谷神星一起，被归入"矮行星"类别。这个新定义的天体类别同时具有两个主要特点：第一，它们已经足够大，使得它们可以依靠自身的重力形成近乎球状的外观（妊神星是蛋形的，不过也算近乎球状）；第二，它们还没有大到可以靠引力清空自己轨道区域内的其他天体的程度。大行星的形成，是一个不断把邻近的物质吸引过来成为自身材料的过程，离年轻的大行星足够近的其他天体的轨道，都会被年轻大行星所扰动，最终成为卫星或者干脆坠向行星。因此，大行星轨道区域内只有它自己和它的卫星。矮行星与此不同，谷神星与其他小行星一起处于小行星带内，而柯伊伯带内的诸多天体也是共存的。虽然那里的五颗矮行星彼此距离很远，但通过目前的数据已能判定还有更多的类似天体存在。在今后几十年内，会有数十颗矮行星被发现和命名，然后被写进天文教科书。目前，这些新的矮行星仍用古代传说中的神来命名，只是不限于希腊 – 罗马神话了。

100 另一个地球

2009年，一架新的太空望远镜被发射升空。它的名字是"开普勒"，以纪念这位发现了行星如何运动的天文学家。这架望远镜的任务很明确：尽量搜寻银河系内带有行星的恒星，并确定其中哪些行星有适宜生命存在的条件。人类寻找另一个地球的行动由此正式拉开序幕。

天文学家首次通过观察来确认"系外行星"的存在是在 1992 年。不过，那是一颗很小的岩石质行星，围绕着一颗不断放出脉冲的中子星旋转，与我们太阳系的情况可谓迥然不同。寻找宜居行星之路仍然漫漫修远，这远不是瞄准一颗恒星然后等待它的行星出现在视野中那么简单，为了查知极为遥远的系外行星，观察方式花样百出。例如有时要观察恒星在其行星绕转的作用下发生的微弱摆动，这种摆动会在光谱上表现为极微弱的偏移，有时要等待系外行星在其主恒星与地球之间经过，挡掉一点点主恒星的光，使我们看到的该恒星的亮度暂时略有减弱。

尽管"开普勒"在处理数据方面占去了太多的时间，它仍然在 4 个月内找到了 1200 个疑似有系外行星存在的目标。2011 年，其中 68 个目标经过 5 次重复出现的确认，被判定为处在宜居带内，表面允许液态水的存在，并且大小与地球近似。不过，要想最终认定哪些目标与地球有更多的相似之处，还有许多后续工作要做。

最近的观点认为，宇宙中的行星数量应当明显多于恒星数量。若如此，即使每 10 亿颗行星中只有 1 颗拥有智慧生命，银河系内也会有超过 100 个文明星球，更遑论整个宇宙了。

"开普勒"太空望远镜能采用"凌星法"进行观测，察觉行星在恒星前经过时造成的星光小幅减弱。由于身处地球大气层外，"开普勒"可以免受星光闪烁和畸变的影响。即便系外行星只有地球的 1/100 大小，其凌星时的减光效果也可能被"开普勒"侦测到。

101

天文学基础知识

所有的这些探索，总体上意味着什么？如果我们从另一个视角来审视天文学的成果，将已有的各条求知的线索汇总起来，我们可以揭示这浩瀚宇宙的根本基础。

四种作用力

力是能量从一个物体到另一个物体的转移，可以改变这两个物体的运动状态。几代物理学家经过努力，归纳出了在地球上起作用的四种彼此独立的基本力。天文学有个基本信条，那就是在地球上观察到的物理定律，应同样能适用于宇宙中的任何地方。因此，我们就可以在这四种基本力的物理性质的基础上，去解释恒星的形成、行星的运行，以及我们在天空中看到的光。

首先来看强相互作用力。正是这种力使得质子和中子可以结合在一起，成为原子核。正如它的名字所表述的那样，它的强度是四种基本力里最大的，但它起作用的距离太短，超不出原子核的范围。第二种是弱相互作用力，放射性衰变现象背后就有这种力的作用，对于不稳定的原子核来说，某些粒子可能会被这种力推离出来。（被推离出来的粒子会以"核辐射"的形式被我们侦测到。）第三种是电磁力，这是一种"同性相斥，异性相吸"的力，是它保证着带负电荷的电子环绕带正电荷的原子核转动。这种力还使得两个相邻原子不会合并，因为带负电荷的电子会彼此

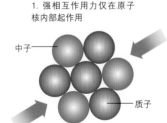

1. 强相互作用力仅在原子核内部起作用

中子 · · · 质子

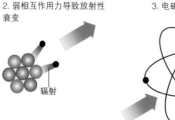

2. 弱相互作用力导致放射性衰变

辐射

3. 电磁力使原子得以存在

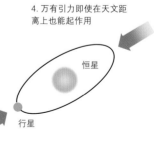

4. 万有引力即使在天文距离上也能起作用

恒星

行星

排斥，让物体有保持自己的形式和状态、抗拒改变的本性。这种力的作用范围也更大，在宏观上表现为我们熟知的电场和磁场。最后一种就是万有引力，任何具有质量的物体之间都存在着这种作用力，使得较重的物体有着强烈的吸引较轻物体的趋势。宇宙中有着数量无比巨大的物质，正是它们之间的万有引力使得众多天体按照既定轨道来运动。

对辐射的观测

　　天文学是一门"可望而不可即"的科学。宇宙的绝大部分对我们来说都太过遥远，因此无法撷取样品。天文学家要靠收集来自宇宙的光线和各种辐射来获取进行研究所需的信息。我们能看到的光（即"可见光"）只占各种辐射里的很小一部分，不过它们可以轻易穿过地球的大气层，从而在望远镜里成像。另外，无线电波也很容易穿透大气层。与之相比，其他波段的宇宙辐射就很难到达地面了，这些辐射包括来自恒星的大部分红外线，还有来自深空的紫外线、高能 X 射线以及伽马射线等。观察这些辐射的设备一般都在大气层外围绕地球运转，以取得更好的观测条件。

观天之"眼"

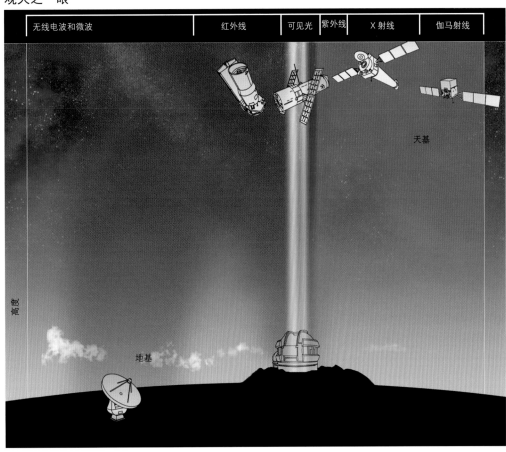

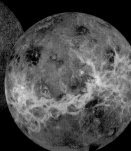

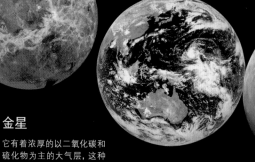

月球

这是地球唯一的天然卫星，也是八大行星的所有卫星中，自身直径与主行星直径的比例最大的卫星。月球的直径为 3475 千米，约合地球的 1/4。

太阳

它是颗寿命约 100 亿年的黄矮星，目前大概度过了寿命的一半。在它的寿命逐渐接近终点时，它会膨胀成一颗红巨星，吞噬掉水星和金星，让地球成为那时离它最近的大行星。不过，那时地球的大气也将被太阳的热量扫荡一空，使得地球上不再适合生命存在。好在那时木星的卫星上会变得比较温暖，若那个时代仍有智慧生命，这些卫星会成为它们上佳的避风港。

直径：1392000 千米
表面温度：5500 摄氏度
核心温度：1500 万摄氏度

水星

离太阳最近的行星，有一个较薄的岩石壳层和一个较大的金属质核心。在太阳风那强有力的吹拂下，它基本已经失去了它的大气层。
直径：4878 千米
与太阳距离：0.4 天文单位
公转周期：88 天
自转周期：58 天
天然卫星数：0
表面温度：427 摄氏度

金星

它有着浓厚的以二氧化碳和硫化物为主的大气层，这种大气层产生的温室效应让它有着太阳系中除太阳本身以外最热的表面。金星的自转方向与其他七大行星相反，而且自转周期大于公转周期，也就是说金星上的一天比一年还长。

直径：12104 千米
与太阳距离：0.7 天文单位
公转周期：225 天
自转周期：243 天
天然卫星数：0
表面温度：460 摄氏度

地球

在太阳系内，地球是最大的岩质行星，也是唯一的表面存有液态水的行星。地球上的海洋平均深度达 4200 米，占据了地球表面 70% 的面积。

直径：12756 千米
与太阳距离：1 天文单位
公转周期：365 天
自转周期：24 小时
天然卫星数：1
表面温度：14 摄氏度

火星

这是个寒冷的荒漠星球，但也是人类目前最有希望登陆的其他行星。它的轨道邻近小行星带，它的两颗卫星（Phobos 和 Deimos）本来都是个头较大的小行星，是它依靠自身引力从小行星带里俘获来的。

直径：6787 千米
与太阳距离：1.5 天文单位
公转周期：678 天
自转周期：24.5 小时
天然卫星数：2
表面温度：零下 20 摄氏度

太阳系

　　太阳系诞生于 45 亿年前。当时，位于银河系猎户旋臂的一颗超新星爆发的冲击波传播到一片由氢、氦和少量其他元素组成的云雾之中，意外的扰动使得这片云雾中的物质开始在万有引力作用下逐渐彼此吸引，形成一个旋转着的氢团并且越变越大，最终创造了足以点燃自身的温度，形成了一颗新的恒星。

　　原始恒星的这种自转让它周围的尘埃、冰和气体也形成了一个自转着的圆盘。圆盘中的物质不断相互碰撞，逐渐汇聚成较大的团块，这就是行星的雏形，称为"原行星"。这种天体在继续变大的过程中，最终清空了它所经过的区域内的其他小物质团。离太阳的较近的行星主要成分是较重的金属和矿物岩，较远的行星则主要由较轻的气体和松软的冰组成。在经过了大约 5 亿年"磕磕碰碰"的混乱期之后，拥有八大行星的太阳系基本定型——包括四个岩质的较小成员、四个以气体、液体和冰为主的较大成员。在这一切的基础上，才诞生了能观察和记录宇宙中这个方寸之地的智慧生物。

土星

它是太阳系第二大的行星，但也是密度最低的行星。它主要由气体组成，假设有足够大的水盆的话，这颗行星可以浮在水面上。关于它光环的性质，有两种看法：一种说这是由一颗冰质的卫星破碎后形成的，另一种说这是卫星形成之前的物质盘，只不过在土星强大的潮汐力影响下终于没能迈出形成卫星的那一步。

直径：120540 千米
与太阳距离：9.6 天文单位
公转周期：29.5 年
自转周期：10.5 小时
天然卫星数：48
表面温度：零下 168 摄氏度

天王星

这颗巨大的冰冻行星缺乏表面特征，看着有点儿无趣。它具有由冰构成的内核，表面覆盖着甲烷。不过，它的运动方式非常好玩：或许是很久以前被某个足够大的天体撞击过，它的自转轴严重偏斜，目前几乎是"躺"在轨道上，进行着"滚动式"的公转。

直径：51118 千米
与太阳距离：19.2 天文单位
公转周期：84 年
自转周期：18 小时
天然卫星数：27
表面温度：零下 200 摄氏度

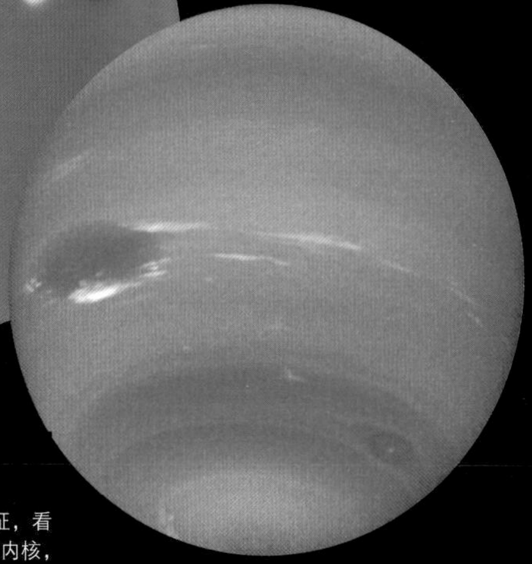

海王星

这是离太阳最远也最冷的大行星。由于在天气方面几乎没有什么变化因素来提供扰动，这颗行星表面在数百万年的时间里一直刮着相同方向的风，没有停歇的理由。根据"旅行者 2 号"探测器的观察，这股风的速度竟有每小时 2000 千米！

直径：49528 千米
与太阳距离：30 天文单位
公转周期：169 年
自转周期：19 小时
天然卫星数：13
表面温度：零下 212 摄氏度

木星

它是太阳系中最大的行星，主要由气体组成，不过目前也怀疑它内部有冰层，并且拥有一个跟地球那么大的岩质核心。太阳系的四颗巨行星自转都很快，木星是其中最快的。它的赤道地区自转速度快于两极地区，这种不统一的自转速度对它的大气造成了搅动。

直径：142800 千米
与太阳距离：5.2 天文单位
公转周期：11.9 年
自转周期：10 小时
天然卫星数：63
表面温度：零下 124 摄氏度

日食和月食

　　日食和月食是知名度最高的两种天象，往往不用任何设备即可观看，因此有时可以引得万人空巷。当地球正好处于太阳和月亮中间时，就有可能发生月食，也就是说地球的本影在几个小时内扫过月球表面，造成月面缺损的视觉效果。如果是月全食，月球会完全没入地球的本影，此时月亮圆面可能呈暗红色或古铜色，这是地球大气折射到月球表面上的微弱太阳光造成的。

　　若是月球运行到地球和太阳之间，且正好将自身的影锥投射到地面上时，日食就发生了。随着地球的自转，月影会在地面上掠过，在这一过程中，处于月球半影区域内的人就可以看到月球挡住了太阳圆面的一部分。有趣的是，即便太阳的圆面被挡住一大半，剩下的阳光依然足以把大地照得如往常白昼般明亮。而若你正好处在月球的本影中，那么月球会在非比寻常的几十秒甚至几分钟内完全挡住阳光，天空会被暮色所笼罩。

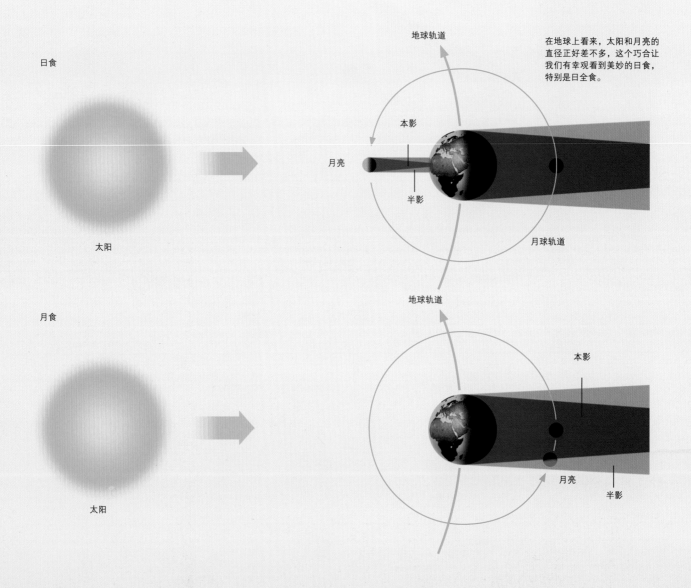

恒星的诞生和死亡

　　所有的恒星都诞生于一种巨大的气体云之中。这种气体云的成分大多是"大爆炸"遗存下来的氢，但也含有由其他衰老、死亡的恒星所释放出来的一些别的物质。在万有引力作用下，某些气体分子会逐渐聚集成越来越致密的团块，最终，团块中心区域的分子在足够高的压力下会开始核聚变，聚变释放出的能量将创造一颗新的恒星，让它开始散发光、热和其他各种辐射。恒星的燃料就是氢，当自身所含有的氢耗尽之后，恒星就开始走向灭亡。不过，具体要以哪种方式灭亡，还得取决于这

恒星的演化　　　　　　　　　　　小质量和中等质量恒星（例如太阳）

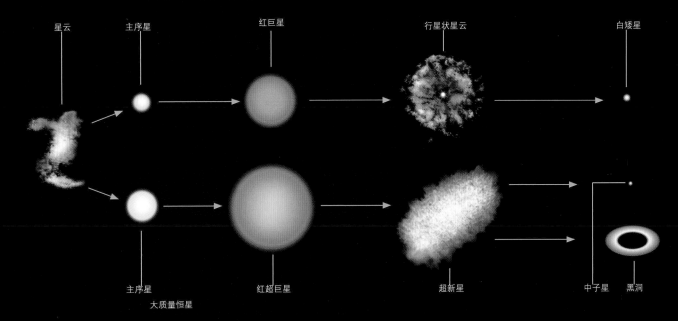

星云　　　　主序星　　　　　　　红巨星　　　　　　　　　　　　行星状星云　　　　　　　　　　　白矮星

主序星　　　　　　　　　红超巨星　　　　　　　　　　　超新星　　　　　　　　　　中子星　　黑洞

大质量恒星

颗恒星当初的质量大小。

　　太阳属于宇宙中最为普通和常见的一类恒星，这种恒星在晚年会变成红巨星，其体积极度增大，但温度明显下降。像氦和碳这类稍重的元素还会在红巨星内部继续维持聚变一段时间，不过当所有聚变反应最终停止之后，红巨星外层的气体都会被抛射出去，形成一团云气，这种状态的天体叫作"行星状星云"，所含的是各种更重的元素，例如钠、铁、镍。在其中央，剩下的是一个高温的白炽状态的核心，称为白矮星。白矮星会不断冷却，最后不再发光，成为黑矮星。（目前还没有黑矮星存在，因为白矮星完成这一变化需要数百亿年，我们的宇宙还是太年轻了。）

　　那些质量超过太阳的1.38倍的恒星会向外炸开，形成超巨星，然后超巨星会在其自身巨大的重力作用之下向内猛烈塌缩，最后引发一种极为狂暴的事件——超新星爆发。较小的超巨星在爆发之后会以变成直径仅几千米的中子星来收场，恒星原有的原子会被塌缩所压碎，变成一种仅由中子组成的密度极高的物质。若是大质量的超巨星，其核心部分最终会塌缩成黑洞，黑洞的体积极小，但质量极大，其引力强大到连光线也无法从中逃逸。

宇宙简史

宇宙始自一次大爆炸。这次爆炸不仅很猛烈，而且同时发生在宇宙的各处，使得宇宙充满了难以想象的极端高温。所谓宇宙的历史，简单来说就是这个极小但极热的宇宙逐渐膨胀和冷却的历史。随着宇宙的冷却，宇宙逐渐变成了我们今天看到的样子。研究大爆炸及其后续效果的科学家就是宇宙学家，它们以特定的现象为标志，把宇宙史分成了多个时期。

宇宙历史分期

普朗克时期	大一统时期	电弱时期	夸克时期	强子时期	轻子时期	光子时期

"大爆炸"

10^{-43} 秒	10^{-36} 秒	10^{-12} 秒	10^{-6} 秒	1 秒	10 秒	38 万年

普朗克时期置身于时间的最小可分区间之内。在这个极短的时期内，当今宇宙中的物理定律是不适用的。对此，宇宙学家正在研究弦理论或超对称理论，这些理论试图把宇宙中所有的力进行归一化解释。

在大一统时期，宇宙的温度下降到足够让重力成为一种独立的作用力。（学者们目前认为，弱相互作用力和电磁力在这个时期仍然不可分，这个时期也由此得名。）

在电弱时期，强相互作用力独立出来。（学者们目前认为，弱相互作用力和电磁力在这个时期仍然不可分，这个时期也由此得名。）

在夸克时期，被称为"夸克"的一种基本粒子形成，在这个时期，能量开始转化为质量。

在强子时期，三个夸克结合成一个强子。强子是一种更大的粒子，质子和中子都属于强子。

物质和反物质相遇会发生湮灭，所以强子和反强子也会湮灭，湮灭后残留下一些很小的粒子，称为轻子。电子和正电子都属于轻子。接着，各种轻子也会和与之对应的各种反轻子之间发生湮灭。

在物质和反物质因湮灭而大量消失之后，宇宙由光子主宰。光子是指携带光和其他辐射的粒子。

直到大爆炸之后大约5亿年，宇宙仍然是黑暗的，所有的辐射在被发射出来之后几乎立刻就又被吸收掉了。直到简单的第一个原子形成之后，光子才得以闪亮着穿过广阔的宇宙空间。宇宙年龄大约8亿年时，第一颗恒星和第一个星系开始形成。

地球形成于45亿年之前，而最早的现代人类出现于大约12万年前，后者的时间长度仅相当于地球历史的0.03%。

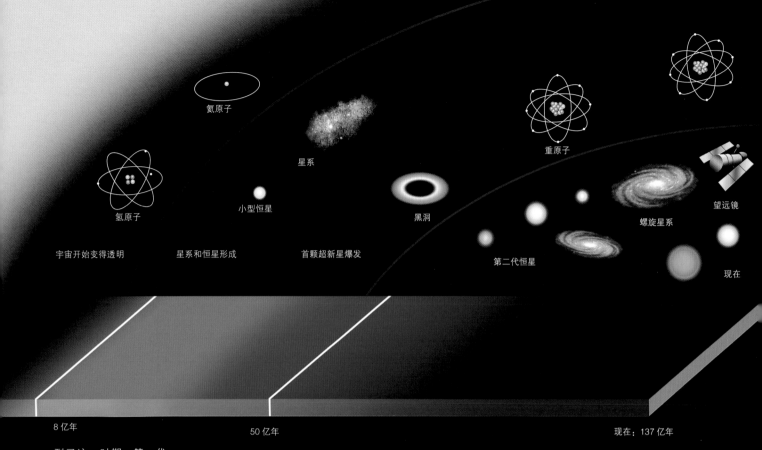

氦原子

星系

重原子

小型恒星

氢原子

黑洞

望远镜

螺旋星系

宇宙开始变得透明

星系和恒星形成

首颗超新星爆发

第二代恒星

现在

8 亿年

50 亿年

现在：137 亿年

到了这一时期，第一代恒星开始死亡，形成了第一批超新星。而这些事件的发生又制造了第一批黑洞，还释放出了第一批重元素。重元素的出现，为下一代恒星拥有自己的行星系统提供了材料。

当今，强力的望远镜正在观察着深空，窥探着那里呈现出来的宇宙早期的样子。

星系的种类

　　宇宙中至少有 1250 亿个星系，这个数字是地球人口数的 15 倍，这些星系的大小、年龄和形状各不相同。年轻的星系往往形状不规则，大量新诞生的恒星正在这些星系内部点亮。当星系逐步成长起来，所含恒星增多后，会出现像我们的银河系一样的螺旋状。大部分螺旋星系的核心区域都呈短棒状，是星系中恒星最为密集的部分。（听说银河系的中心区也有棒状结构，或许会让有些读者感到新奇。）当星系变得更老后，它也会吸收更多的小星系，整体形态变为椭圆状。

椭圆星系

螺旋星系

棒旋星系

不规则星系

与自然科学领域的其他许多学科相比，天文学或许仍然处在相对"蒙昧"的阶段上。我们这一代人关于宇宙的基本观念，只是在最近的一些成果基础上构成的。我们还有不少未能解答的神秘问题，或许我们正处在破解这些问题，做出下一个伟大发现的前夜。这里，我们列出一些这样的问题，不知道天文学家们将来会对它们做出怎样的回答。

外星生物会访问我们吗？

20世纪后半叶最伟大的科普作家卡尔·萨根对这个问题有过相当淡定的回答：考虑到宇宙的历史如此悠久，范围如此广大，假如真的诞生过某种能够掌握我们目前未知的关于时空的控制技术，并利用该技术跨越茫茫宇宙前来造访我们的外星生命，那么最有可能的结果便是他们现在早就应该已经完成这一行动了。他认为，在人类诞生了飞行器技术之后数量飙升的各种所谓UFO目击事件，只不过是对冷战中秘密军事设备测试飞行的误读。注意，萨根并不认为外星智慧生命不存在，他只是觉得我们没有机会与外星生命会面而已，毕竟如果没有时空跨越技术，单靠飞行的话，宇宙中的路程是如此遥远。不过，他也没有排除外星生命正处在来访地球的途中的可能，只不过这种可能性小到基本不值得考虑。SETI工程（意为"寻找地外智慧生命"）坚持对来自太空的无线电信号进行筛选和分析已有35年，其目的就是从中找出看上去是来自智慧生命的信号。不过，即使我们现在发现一个这种信号，那么这个信号也肯定已在宇宙中传播了很久，当初发出它的智慧生命就应该是生活在人类远未出现的年代的。

在对UFO的解释方面，比起说它是外星人的飞船，目前更占一点上风的看法是它纯属人类自己的制造物。

大统一理论真的存在吗？

大统一理论（Theory of Everything，简称TOE）试图用一个最简单的基本体系来解释宇宙运行的机制。目前，我们对这个问题还不得不并用两个基本体系：一个是量子动力学，它可以解释前三种基本作用力（即强相互作用力、弱相互作用力和电磁力），另一个是相对论，用来解释万有引力。当前最有希望成为大统一理论的是超对称理论，它是弦理论的衍生物。弦理论认为亚原子粒子不是一个"点"，而是一根"弦"，并且这根"弦"上还隐藏着不少卷曲起来的额外维度。根据数学上的推算，不同振动状态的弦可以表现为拥有不同性质（例如不同的电荷、不同的自旋数）的微观粒子。而超对称理论认为，在玻色子和费米子之间存在着一种联系（玻色子是指传递作用力的粒子，例如光子，可以传递电磁力；费米子则是赋予物体以质量的粒子，例如电子和夸克等）。如果我们将来能够确认一种称为希格斯玻色子的粒子的存在，就会有助于研究无质量的玻色子和有质量的费米子之间具有对称性的可能性。

宇宙将如何终结？

　　既然宇宙有开端之时，那么也完全可以理解它会有结束之日。比较流行的一种看法是，如果有一天宇宙停止了膨胀，就会反过来开始收缩，即出现大爆炸的一个逆过程——"大压缩"。而如果宇宙的扩张趋势最终战胜了万有引力，那么宇宙中的物质最终会分崩离析，宇宙将以极低的温度、极度的死寂、能量极其匮乏的状态结束其活动，这一状态还有许多其他的定义细节，但总体上被称作"热寂"，也叫作"大冻结"，换句话说，当宇宙中的物质和能量都极度分散之后，就再也不会发生什么有意义的事件了。但是，目前有迹象表明宇宙的膨胀具有越来越快的趋势，对于这个奇怪现象，一般用"暗能量"的假说来解释。"暗能量"被定义为一种使物质之间彼此远离的神秘作用力，且强度会随着宇宙的扩张而增长，于是宇宙变得越大，暗能量也就越强，并因此进一步促使宇宙加速扩张。照此下去，所有的星系最终都会被拽散，所有恒星都变得孤立，接着恒星和行星本身也难逃暗能量的撕扯。这一"大撕扯"过程最终会让所有的原子之间都彼此分离，所有的能量都散逸在无尽的空间之中。如此可怕的结局何时到来？有人推测大约是在 220 亿年之后。

宇宙即便会死亡，届时的场面也将无比壮丽。

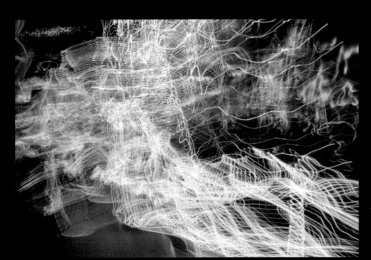

大爆炸之前是个什么情况？

　　据大爆炸理论，大爆炸既是空间诞生的起点，也是时间的开端，因此，"大爆炸之前"是个伪概念。另一种看法是，"大爆炸"的本质是"大反弹"，也就是说，有一个旧的宇宙在"大压缩"中坍塌成了一个点，毁灭了自己的一切内容物，然后又"反弹"开启了一个新的宇宙，进入了一个新的周期。

所谓亚原子粒子，其实并不是"粒子"，也不是波动，而是一种在10 个维度上振动着的"弦"——这一观点是弦理论的出发点。

有"多重宇宙"吗?

我们是三维空间里的生物。而三维之上的那一维，也就是第四维度上的景观，在我们看来则是三维空间里一个个场景的连续变化。我们把这种变化描述为时间的流逝。如果把时间看作与我们熟知的三个维度一样的东西，那么时间也可以具有形态，更确切地说，时间应该也是可以平行、分叉和交叠的。由于我们在生活中面对第四维时只能将其感知为"已流逝的时间"，所以我们更无法察觉第五维的存在——那就是在我们自认为"唯一"的历史轨迹上分蘖衍生而出的多种过去、多种现在和多种未来。如果任何事件都有不只一个发展方向，也就是具有两个或更多个时间轴上的分叉，那么不难得出结论: 存在着无数多个不同的宇宙。这些宇宙遵循着相似的物理定律，只不过它们所包含的物质和能量会处在各自不同的量子状态上。不过，这些多重宇宙究竟是真的平行存在于我们的宇宙之外呢，还是仅属于我们依靠头脑推断出的"逻辑真实"呢? 另外，信息究竟是否可以在多个不同的宇宙之间传递呢? 要对这些问题做出回答，只能期待未来的研究了。

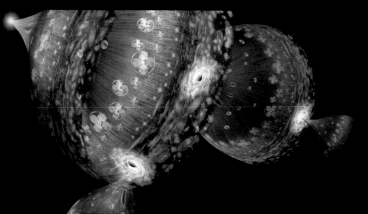

这幅图表现了一个"父宇宙"膨胀到极限后催生了一个"子宇宙"的情况。某些理论认为，"大撕扯"所导致的能量密度极低的状况，会与"大爆炸"所需的条件非常类似，从而引发新的"大爆炸"。

"引力子"存在吗?

宇宙中的各种亚原子粒子，在总体上构成了称为"标准模型"（Standard Model）的配置。其中一大类的粒子称为"玻色子"，它们的作用是在其他粒子之间传递能量，其作用效果就是我们所说的在物质之间出现的、让物质彼此吸引或彼此排斥的"力"。传递电磁力的玻色子即是光子，传递强相互作用力的被称为胶子，而导致弱相互作用力的玻色子则被叫作 W 和 Z。至于理论上假定存在的负责传递万有引力的玻色子，则叫作"引力子"（garviton）。引力至今未被纳入"标准模型"，即使在某些情况下我们假定它符合这个模型，也不知道它到底是怎么符合这个模型的。由此推断，宇宙中应该充斥着海量的引力子，而如果我们能发现哪怕一个引力子，就足以彻底解开力的作用之谜。但是，由于引力远远弱于其他三种基本作用力，引力子这种极微小的玻色子长久以来也极难侦测。这是个至今都无法完成的任务。

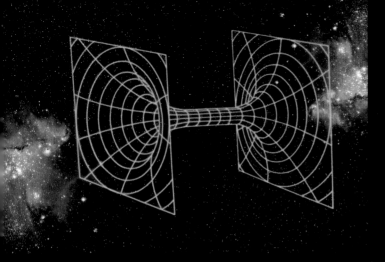

如果一个黑洞在另一端拥有开口，那么它或许就能算作一个虫洞。

星际旅行能实现吗？

　　除了太阳，最近的恒星离我们有 4 亿光年多，而目前的火箭最快只能飞到约合光速 1/4000 的速度，所以依靠现在的火箭技术飞往那里需要一万几千年，这个时间比人类有记载的历史还要久，与人的寿命相比就更是漫长了。当然，也有一些关于更耐用、更高效的飞行引擎的理念，能够让未来在恒星之间飞行的飞船速度更快一些，但最多也只是让航程从几千年缩短到数百年。况且，最近的其他恒星只是一颗无趣的红矮星，要想飞到那些更有意思的恒星附近去，难免还是要花成千上万年甚至数百万年时间。所幸的是，从理论上讲，我们拥有一种几乎不必移动的长途飞行方法——因为时空会被质量所扭曲，所以只要以某种方式重塑时空的局部结构，就可以制造出"虫洞"，只须迈过"虫洞"，就能从出发点直接到达目的地，随心所欲到达宇宙的任何角落也就不再是痴人说梦了。可惜，"虫洞"必然有着极强的重力，任何试图穿过它的人都会被自己的重量压成肉酱。

中微子都躲到哪里去了？

　　太阳的核聚变反应把能量从原子中挤压出来的同时，还会释放出一种极小的、难觅踪影的粒子，叫作中微子。不论是太阳还是其他恒星，每秒钟都会释放出数以亿万计的中微子。由此，目前的宇宙中应该充斥着正在飞行的中微子。但是，我们能观察到的中微子是非常稀少的，这是因为中微子所起的效应太微弱了——它产生的正是"弱相互作用力"。这种粒子可以轻松穿过地球，而且现在很可能就有中微子正在穿过你的身体。物理学家侦测中微子的方法是：找一个矿洞，在其中装满有放射性的重水，然后等待。到达这里的中微子应该不少，但绝大多数都会径直穿过然后离去，不过，会有极少数的中微子碰巧击中重水里的氘原子核，随后引发一次微小的闪光。这种侦测器目前最著名的一次捕捉中微子踪迹事件发生在 1987 年超新星爆发时，这颗死亡的恒星释放出多达 10^{58} 个中微子，人类只捕捉到了其中 24 个的痕迹。关于中微子的研究至今依然在深入展开。

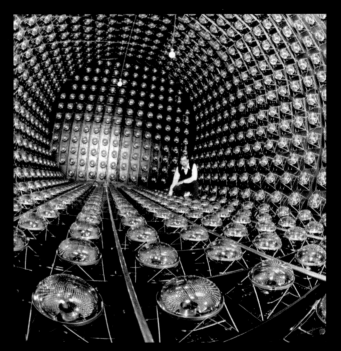

这处中微子侦测设施由许多个传感器排列而成，正在静候不知何时会偶然发生的粒子撞击闪光。这类设施都建在地下，因为如果建在地面上可能会受到各种宇宙射线的干扰。

伟大的天文学家们

　　天文学家这一职业的主要任务就是观察，不管是利用光学望远镜，还是利用射电天线，或者干脆只用肉眼。不过，伟大的天文学家所做的就不只这些了，他们具有对观测结果进行解释的能力，要么是从遥远的观测目标那里总结出新的知识，要么就是发现某些以前从未被人们知道的天体。那么，一个人是如何拥有了这种能力的呢？这里就让我们来回顾一些最伟大的天文学家们的生平吧。

亚里士多德 (Aristotle)

出生时间	前 384 年
出生地点	希腊，斯塔基拉（Stagira）
逝世时间	前 322 年
因何著名	早期西方科学界最有影响力的人物

　　亚里士多德是御医的儿子，出生于马其顿王国的上层社会。作为出身高贵的孩子，他理所当然地在雅典完成了学业。他的老师是柏拉图，他在学术上继承了老师和其他诸多古希腊哲学家的衣钵。作为一位学术权威，他的学说包含大量错谬，因此很容易被看作人类科学进步路上的一大障碍，不过，他在诗学、逻辑学、形而上学、语言学和生物学等领域留下的大量著作综合了远至土库曼斯坦和爱尔兰等地方的智慧成果，是两千年知识界的集大成者。

阿利斯塔克 (Aristarchuh)

出生时间	前 310 年
出生地点	不详
逝世时间	前 230 年
因何著名	最先测算日地距离与月地距离之比

　　哥白尼在宣传地球绕太阳转的日心说时，把阿利斯塔克奉为日心说的先驱。哥白尼的灵感很可能也源于这位古希腊学者测量月亮和太阳的相对距离的举动。如果不是作为 16 世纪科学代表人物的哥白尼的记载，我们对阿利斯塔克将几乎一无所知；哥白尼的记载也是阿利斯塔克属于真实历史人物的为数不多的证据之一。与阿利斯塔克生活在相近时代的人也绝少提到他，比他小 30 岁的阿基米德是仅有的几位提到过他的天文学成就的人中的一位。目前，我们认为阿利斯塔克是斯特拉图（Strato of Lampsacus）的学生，他住在亚历山大里亚时，斯特拉图也正好在给那里的王子当老师。后来斯特拉图才去了亚里士多德遗留在雅典的学院。

乔瑟琳·贝尔 (Bell Burnell, Jocelyn)

出生时间	1943 年 7 月 15 日
出生地点	北爱尔兰，贝法斯特
逝世时间	（健在）
因何著名	协助发现脉冲星

　　贝尔发现脉冲星时，尚处于在剑桥大学攻读博士学位期间。她当时与导师休伊什密切合作，操纵一架射电望远镜，而正是她对观测数据的分析直接带来了对脉冲星的发现。但是，因这一突破性发现而获得诺贝尔奖的却是休伊什（1974年），贝尔则无缘殊荣（作为学生的这种境遇，在当时来说实属平常）。不过，从那以后她声名鹊起，并且以其职业学术成就而享誉世界。2007 年，她被英国女王授予"乔瑟琳夫人"的封号。

弗雷德里希·贝塞尔
(Bessel, Friedrich)

出生时间	1784 年 7 月 2 日
出生地点	勃兰登堡（今属德国），明登
逝世时间	1846 年 3 月 17 日
因何著名	利用视差测定恒星的距离

贝塞尔的第一份工作是航运公司会计部门的学徒。在这个岗位上，他很快就因为出众的计算货船路径的能力而身价倍增。当他把这种能力用于研究天空，开始计算哈雷彗星的运动之后，他就在不莱梅附近的一处天文台赢得了一个低阶职位，当时他还只有 16 岁。10 年之后，他成了位于哥尼斯堡的普鲁士皇家天文台的领导者。在这座波罗的海之滨的城市里，他奋斗数年，终于在激烈的竞争中脱颖而出，成为首位测出恒星视差的人。由此，人类确认了恒星距离地球非常遥远的事实。

汉斯·贝特
(Bethe, Hans)

出生时间	1906 年 7 月 2 日
出生地点	德国，斯特拉斯堡（今属法国）
逝世时间	2005 年 3 月 6 日
因何著名	解释了太阳核聚变过程

贝特的犹太血统使他在 1933 年被迫逃离德国。在英国的高校度过了两年之后，他来到纽约的康奈尔大学。1939 年，他在那里和同事们为理解太阳的核聚变机制做出了重要的贡献。在接下来的战争期间，贝特和许多知名科学家一样，为利用原子核的裂变能而努力工作。当朝鲜战争的局势再次把世界推到核战争爆发的悬崖边时，贝特领导了一种决定性的热核武器——氢弹的研制工作。氢弹可以利用核聚变的能量，制造出人类历史上最大规模的爆炸。

第谷·布拉赫
(Brahe, Tycho)

出生时间	1546 年 12 月 14 日
出生地点	丹麦，斯堪尼亚，克努得斯托普
逝世时间	1601 年 10 月 24 日
因何著名	望远镜发明之前的最后一位伟大天文学家

正如很多人熟知的那样，第谷依靠着继承来的巨额财产，过得非常悠闲富足。有研究者认为他的财富总量达到了当时全丹麦的 1/100。他在读大学时，曾因一个数学方程式是否正确而与同学发生争执，最后进行决斗，导致鼻子被削掉一大块。此后他终生佩戴着一个用黄金做的假鼻子。第谷声称他养了一头麋鹿当宠物，而别人问他这头麋鹿在哪里时，他就说这头麋鹿喝醉了酒从楼梯上跌下来摔死了。据记载说，他出席一场在布拉格举办的皇家宴会时，因过于拘泥礼节而强忍着不上厕所，结果肾病发作，并最终要了他的命。

迈克·布朗
(Brown, Mike)

出生时间	1965 年 6 月 5 日
出生地点	美国，阿拉巴马州，亨茨维尔
逝世时间	（健在）
因何著名	发现许多矮行星

目前，这个名字或许尚未响彻天文学的名人堂，但这个人领导着搜寻海王星外天体（简称为 TNO）的任务，并且收获颇丰，胜过其他任何人。TNO 是指包括冥王星在内的任何比海王星还远的太阳系小天体，当然也包括那些远在柯伊伯带之外的。布朗的团队在过去 10 年间斩获了 14 颗 TNO，其中包括最大的矮行星——阅神星，以及被认为是奥尔特云区域内被发现的首个天体的"塞德娜"（Sedna）。布朗的工作，直接导致了冥王星在 2006 年被重新归类。

布丰
(Buffon, Comte de)

出生时间	1707 年 9 月 7 日
出生地点	法国，蒙巴德
逝世时间	1788 年 4 月 16 日
因何著名	首位估算出地球年龄的科学家

　　布丰属于那种学识广博的人。他在达尔文之前 100 年就深思过关于物种和进化的问题，并将概率计算引入了或然性理论，此间他一直担任法国皇家植物园的总管。

　　他出生时本无贵族头衔，但幸运地从他那没有子嗣的教父那里承袭了贵族身份。作为有钱有闲的贵族青年，他环游了欧洲，然后回到法国，获得了封号，使自己晋身为巴黎上流社会中的科学家。

吉恩 - 多米尼克·卡西尼
(Cassini, Jean-Dominique)

出生时间	1625 年 6 月 8 日
出生地点	热那亚共和国（今属意大利），佩雷纳多
逝世时间	1712 年 9 月 14 日
因何著名	巴黎天文台首任台长

　　因为是热那亚人，所以他也常被称为吉奥瓦·多米尼克·卡西尼（"热那亚"与"吉奥瓦尼"的词根相近）。他与他那个时代的天文学家们一样，都热衷于观测和研究掩星现象。他作为占星家颇有声誉，同时也在博洛尼亚担任教授。1669 年，他成了早期的一个"人才挖角"事件的主角——他被路易十四这位自封"太阳王"，专横到说一不二的君主召往巴黎，担任新建的巴黎国家天文台的台长。在巴黎期间，卡西尼在土星观测方面成果卓著。土星光环中最宽的一条环缝如今就以他的名字命名。

苏布拉赫曼·钱德拉塞卡
(Chandrasekhar, Subrahmanyan)

出生时间	1910 年 10 月 19 日
出生地点	印度，拉合尔（今属巴基斯坦）
逝世时间	1995 年 8 月 21 日
因何著名	计算出了超新星所需的最小质量

　　这个名字与"钱德拉塞卡极限"紧密地联系在一起。该极限描述的是能够爆发变成超新星的恒星需要的最小质量。颇具对比色彩的是，"苏布拉赫曼"这个名字在梵文中的意思是"月亮的守护神"。他 20 多岁时的研究工作都在印度完成，直到他获得了剑桥大学的研究生奖学金。在前往英国的途中，他做出了那个使他彪炳青史的理论突破。

1984 年，他终于因此荣获诺贝尔物理学奖。后来环绕地球运行的"钱德拉 X 射线太空望远镜"也是以他命名的。

尼古拉斯·哥白尼
(Copernicus, Nicolaus)

出生时间	1473 年 2 月 19 日
出生地点	波兰，多伦
逝世时间	1543 年 5 月 24 日
因何著名	提出太阳为中心的太阳系模型

　　哥白尼生于东欧，他名字的本来拼法是 Mikolaj Kopernik。他生于一个商人的家庭，但在他父亲去世后，全家人转由他的舅舅卢卡斯，一位有权势的神父来照看。在学习成为医生和律师的过程中，哥白尼通晓了四国语言，并凭借卢卡斯舅舅做后盾，跟随其兄长成为神职人员。哥白尼能沿着那个时代的"正统道路"晋身为知识分子，若没有卢卡斯，应该说是不可能的。因此有说法称，哥白尼直到卢卡斯去世之后才敢公开探讨日心说。

亚瑟·爱丁顿
(Eddington, Arthur)

出生时间	1882 年 12 月 28 日
出生地点	英国，威斯特莫兰（今哥比亚），肯德尔
逝世时间	1944 年 11 月 22 日
因何著名	提出恒星的核聚变理论

这位天体物理学家在人类探究恒星的成分及其发光机制的道路上扮演了领袖一样的角色。他的观测也帮助爱因斯坦证实了广义相对论（尽管现今有人指出他当年的观测数据本来不够精确，只是正好符合了相对论）。1919 年，物理学家西尔维斯坦（Ludwik Silberstein）称赞爱丁顿是当时世界上仅有的三个真正能理解相对论的人之一，至于另外两个人，据西尔维斯坦自己说，一个当然是爱因斯坦本人，另一个就是他自己。爱丁顿在西尔维斯坦鼓动他赞同这一说法时沉默了，他后来这样解释他的沉默："我只是很想知道第三个人到底应该是谁。"

阿尔伯特·爱因斯坦
(Einstein, Albert)

出生时间	1879 年 3 月 14 日
出生地点	德国，维滕贝格，乌尔姆
逝世时间	1955 年 4 月 18 日
因何著名	提出相对论

很多传记都提到他上学时并未受到过老师的特别重视，这或许是因为他从很小开始就习惯于按照自己的节奏去让思想尽情飞扬。他十几岁时，父母去意大利寻找工作，他被独自留在慕尼黑完成中学学

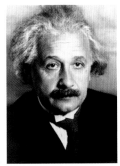

业，当时他的表现也并不突出。断断续续的求学经历也导致他在职业生涯初期找不到能配得上他的才华的岗位。他结婚后，于 1903 年在瑞士的伯尔尼专利局当了技术审查员，这份比较清闲的工作让他能够抽出时间构建起自己的物理理论。1905 年，他就登上了物理学界的顶级舞台。

埃拉托色尼
(Eratosthenes)

出生时间	约公元前 276 年
出生地点	利比亚，塞瑞尼
逝世时间	约公元前 194 年
因何著名	计算出地球的周长

作为亚历山大里亚城那座大图书馆的馆长，埃拉托色尼可以随时翻看当时世界上最大的信息资源库。他测算地球周长所需的一些知识和数据也是从这些藏书中得到的。算出地球的周长，使他胜过了当时众多的测量者，为自己赢得了"地理学奠基人"的历史地位。他也是早期著名的平等主义者，

对亚里士多德关于应保持希腊人血统纯正从而不应与"外邦人"通婚的观点进行了批判。作为出身于北非的人，他或许从未打算继承亚里士多德学派的传统。

约翰·弗拉姆斯蒂德
(Flamsteed, John)

出生时间	1646 年 8 月 19 日
出生地点	英格兰，邓比（位于德比附近）
逝世时间	1719 年 12 月 31 日
因何著名	首位皇家天文学家

他 19 岁时就撰写了一篇关于天文专用象限仪的设计和使用的论文。10 年之后，已被遴选成为一名书记员（当时的业余天文学家大多选择这种工作）的他在皇家天文台位于格林尼治的观测台获得了一个科研职位。弗拉姆斯蒂德将其职业天文学家生涯奉献给了恒星目录的编制和修订工作，把第谷的星表中的恒星数目扩展到了原来的三倍规模。1712 年，在他的星表接近完成之时，牛顿和哈雷窃取了其中的大部分数据，出了一部"盗版"的星表。

莱昂·傅科
(Foucault, Léon)

出生时间	1819 年 9 月 18 日
出生地点	法国，巴黎
逝世时间	1868 年 2 月 11 日
因何著名	实验物理学家，证明了地球在自转

　　傅科以他设计的那种目前在遍及全球的许多国家的博物馆和科技馆里都能见到的大摆锤而闻名于世。他还帮助他的法国同胞费佐改良了用于测量光速的设备。其实，世事的发展有时比戏剧还让人难以预料，因为傅科本来的志愿是当一名医生，但他由于患有晕血症而不得不放弃这个理想，从此转向物理学。他钻研当时属于前沿科学的照相技术，并兼及显微技术领域。19 世纪 50 年代是他成果最为丰硕的 10 年，他在电机、光学、陀螺仪等方面都有建树。

约瑟夫·冯·夫琅禾费
(Fraunhofer, Joseph von)

出生时间	1787 年 3 月 6 日
出生地点	巴伐利亚（今属德国），施特劳宾
逝世时间	1826 年 6 月 7 日
因何著名	光谱仪的创始人

　　他名字里的贵族成分"冯"（von）是在他生命的最后两年才获得的。这个巴伐利亚年轻人在 11 岁时就成了孤儿，被迫到玻璃厂去当学徒。13 岁时，厂房倒塌，他被埋进了废墟。所幸，他被由巴伐利亚选帝侯马克西米利安领衔的救援队救了出来。选帝侯很喜欢他，资助了他日后的学费。经过专业学习，他成了一名光学师傅，并且发明了一种工艺，可以制出比以往更加纯净通透的玻璃，使用这种玻璃的透镜，成像没有色差。这一进步为他的光谱仪以及后来很多专用于天文观测的光学设备的诞生打下了基础。

伽利略
(Galileo)

出生时间	1564 年 2 月 15 日
出生地点	意大利，比萨
逝世时间	1642 年 1 月 8 日
因何著名	首位使用望远镜的天文学家

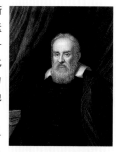

　　伽利略以天文学家和物理学家的头衔闻名于世，但他也属于最早的一批把数学运用到物理、天文研究中的学者。他父亲是一位"音乐 – 天文"学家（注意这两个词在此是被连在一起的），因此他也选择科学作为自己的志向，但由于家中常常经济拮据，他一直不得不关注每个做生意赚钱的好机会。望远镜对他来说也是一个致富的契机，而且确实帮他赚到了不少养家和养老的钱。不过，他通过望远镜所做的观察使他对宇宙的运行方式有了一些新的描述，而这也让他陷入了与教会的纠纷。为免牢狱之灾，也为了保全自己的财产，他被迫宣布放弃自己关于"地球绕太阳旋转"的学说。

威廉姆·吉尔伯特
(Gilbert, William)

出生时间	1544 年 5 月 24 日
出生地点	英格兰，埃塞克斯，科尔切斯特
逝世时间 1603 年 12 月 10 日（按当时旧历则为 11 月 30 日）	
因何著名	发现地球磁场

　　他生活的时代晚于哥白尼，早于牛顿。他关于磁力的研究成果，为人们对这一"源于上苍"的神秘力量给出合理解释提供了思想资源。不过，他还有别的学术兴趣点。本来学医的他，一直给伊丽莎白一世当御前物理学家，直到后者驾崩，此后他又成了继位的詹姆士国王（第一位英格兰、苏格兰双料国王）的御医。英国历史在此或许经历了一个非比寻常的转折：虽然吉尔伯特在詹姆士继位后仅几个月就去世了，但他并未对詹姆士"下毒手"，这让詹姆士实现了统一大业。

罗伯特·戈达德
(Goddard, Robert)

出生时间	1882 年 10 月 5 日
出生地点	美国，马萨诸塞，沃切斯特
逝世时间	1945 年 8 月 10 日
因何著名	发明液体燃料火箭

戈达德是美国的国家英雄，连 NASA 的太空中心都用他的名字命名。不过，这可阻止不了他的家人在 1951 年起诉美国政府未能保护好他的专利权。戈达德在 1945 年（他去世前的几个月）检查了俘获来的纳粹德国 V-2 导弹，发现这种在几年前由纳粹科学家研制的军用火箭与他早期设计的火箭有很多地方都极为相似，他报告了这一情况。这项专利保护诉讼案持续了将近 10 年，期间，已经去世的戈达德声誉日隆，不仅被追授金质奖章，还成了太空中心的命名来源。最终，为结案而产生的花销超过了 100 万美元，这在 1960 年不啻为一笔巨款。

爱德蒙·哈雷
(Halley, Edmond)

出生时间	1656 年 11 月 8 日
出生地点	英格兰，伦敦，肖尔迪奇
逝世时间	1742 年 1 月 14 日
因何著名	证实了彗星是绕太阳运行的天体

哈雷最卓著的成就，就是预言了那颗后来以他命名的彗星将会回归，并且不是以大行星的那种运动模式。但是，人们常因此忽略了他对科学的其他一些贡献。在 1676 年到 1678 年之间，他曾在南太平洋上旅行，并绘制了第一幅精确的南天星图。在那次航行中，他还到处测量地球的磁场，尤其对磁力线的方向给予了关注。他测得的磁场数据编制成图之后，对航海者测定自己所处的经度很有帮助。1720 年，他成为英国的第二位皇家天文学家。

约翰·哈里森
(Harrison, John)

出生时间	1693 年 3 月
出生地点	英格兰，约克夏，福尔比
逝世时间	1776 年 3 月 24 日
因何著名	发明供航海使用的精确时钟

从约克夏郡的一个乡村木匠，到御前的钟表大师，在 18 世纪的英国科学与社会的晋身台阶上，哈里森的每一步都是自己打拼出来的。他几乎一生都在为获得宫廷对经度测算问题的悬赏而努力，也确实因此有了回报，不过他设计的航海钟最终未能赢得悬赏：他的设计尽管经过多次重复实验都被证明对海上航行来说已经足够精确，但仍有实时的误差，这种客观存在的走快或走慢的误差对于做精确的经度测定而言是必须想办法校正的。由于悬赏的评委是一群苛刻的天文学家，哈里森的航海钟最终无缘大奖。

斯蒂芬·霍金
(Hawking, Stephen)

出生时间	1942 年 1 月 8 日
出生地点	英国，牛津
逝世时间	（健在）
因何著名	发现黑洞辐射

神经系统的疾病不仅让他再也离不开轮椅，而且也夺去了他用自己的喉咙说话的权利。但这位只能通过计算机合成发声的天才科学家早已妇孺皆知，并且几乎成了科学家群体的标志，与爱因斯坦齐名。他在 1974 年发现，即使是黑洞也会向外辐射能量，这是他对天文学做出的最著名的贡献。具体一点说，物质子和反物质的"虚粒子对"在宇宙中到处存在，一刻不停地产生，也一刻不停地彼此碰撞而湮灭，但若在黑洞的边缘（即"视界"），这种粒子对会在产生之后立刻被黑洞隔开，其中一个粒子会被释放向外界空间，成为黑洞的辐射，即"霍金辐射"。

威廉·赫歇尔
(Herschel，William)

出生时间	1738 年 11 月 15 日
出生地点	汉诺威（今属德国），汉诺威城
逝世时间	1822 年 8 月 25 日
因何著名	发现天王星

威廉·赫歇尔的父亲是汉诺威军乐团的团长，因此他和他哥哥雅各布·赫歇尔长到足够岁数时就当了乐团的乐手。威廉负责演奏的是双簧管。但是，汉诺威军队在"七年战争"里的哈斯滕贝克（Hastenback）战斗中失利，使得威廉厌恶了军队，他辞去军职，搬到英格兰生活。在那里，他先以当音乐教师为生，后来成了巴斯交响乐团的领衔乐手。在巴斯，他与妹妹卡洛琳·赫歇尔搭档，一起做业余天文研究，并逐渐成了受雇于英国皇家的职业天文学家。

依巴谷
(Hipparchus)

出生时间	不详
出生地点	比提尼亚（今土耳其的伊兹尼克），尼西亚
逝世时间	不早于公元前 127 年
因何著名	发展了三角学

依巴谷为了解释他所观察到的天体运动，发展了后来被称为"三角学"的专门知识。他生命中的大部分时间都住在爱琴海上的罗德岛（此岛离土耳其海岸很近，但仍属希腊领地）。他的直觉告诉他，行星应该是围绕太阳运动的，于是他成了第一个开始尝试计算这种运动的人。但是，由于他计算的结果显示行星绕太阳运行的轨道并不是一个正圆（现在我们知道事实正是如此），而他认为宇宙应该是完美的，行星轨道只有呈圆形才完美，所以他放弃了自己本来正确的直觉。

弗雷德·霍伊尔
(Hoyle，Fred)

出生时间	1915 年 6 月 24 日
出生地点	英格兰，约克夏，宾格利
逝世时间	2001 年 8 月 20 日
因何著名	核合成的共同发现者

宇宙学是最为宏观的一种天文学。霍伊尔就是早期的宇宙学推广者之一。他天生很有镜头感，频繁地在广播和电视中出现，使他的理论登上了主流学术舞台。他在自己的祖国是响当当的名人，总是带着他那约克夏乡村口音对大家谈论一些最为宏大的话题。他另一个著名之处就是他反对"大爆炸理论"，并且与两位在第二次世界大战中因建造雷达而认识的同事共同构建了"稳恒态宇宙"的理论模型。不过，他对天文科学的最大贡献是解释了原子在恒星内部生成的过程。

埃德温·哈勃
(Hubble，Edwin)

出生时间	1889 年 11 月 20 日
出生地点	美国，密苏里，马什菲尔德
逝世时间	1953 年 9 月 28 日
因何著名	发现宇宙在膨胀

哈勃对于科学和星空的兴趣源于科幻小说，特别是第一位用文学描述宇宙旅行的作家儒勒·凡尔纳的作品。哈勃在大学读书期间，不但数学和科学能力出众，田径水平也十分了得。在他赢得了牛津的罗德奖学金之后，他暂时离开了科研，成了一位律师，不过这段短暂的法律从业时光并不令他愉快。第一次世界大战期间，他在法国服役，战争结束后回到美国，在威尔逊山天文台供职。当时，巨型望远镜"胡克"刚刚落成，这为哈勃和他的同事们提供了当时全世界最好的观测设备。

克里斯蒂安·惠更斯
(Huygens, Christiaan)

出生时间	1629 年 4 月 14 日
出生地点	荷兰，海牙
逝世时间	1695 年 7 月 8 日
因何著名	发现土星光环

作为启蒙时代的伟大学者，惠更斯不但在天文发现上名垂史册，在光学技术与摆钟方面的发明也为后人所铭记。正是他建造出了第一台使用摆锤来保持走时稳定性的钟表。他也是光的波动学说的代表人物，与以牛顿为代表的光的粒子学说在理论上针锋相对。（现在我们知道这两派其实都没说错，光既是一种波，也是一种粒子。）惠更斯也是最早的一批认为地外生命一定存在的科学家之一，他认为水是生命存在的必要条件，并猜测他观测到的木星表面的斑点就是那里的水域，尽管可能是冻住的。

约翰尼斯·开普勒
(Kepler, Johannes)

出生时间	1571 年 12 月 27 日
出生地点	维滕贝格（今属德国），维尔－德－施塔特
逝世时间	1630 年 11 月 15 日
因何著名	发现行星的公转轨道是椭圆形的

开普勒的父亲是一位雇佣兵，在开普勒 5 岁那年出门参战，从此再也没有回来，估计是死在了战场上。此后，开普勒住进了祖父的酒馆，当起了跑堂的。后来，他在图宾根一所极为忠诚于基督新教的大学里谋得了职位，期待着能成为新教的牧师。但是，教派冲突引发的战争又迫使他逃离德国，搬到了捷克的布拉格，在那里给已经年迈体衰的第谷·布拉赫当了助手，正式走上了天文研究之路。开普勒终生虔诚信教，但他因证明行星公转轨道不是完美的正圆而被教廷开除。

乌尔班·勒威耶
(Le Verrier, Urbain)

出生时间	1811 年 3 月 11 日
出生地点	法国，圣洛
逝世时间	1877 年 9 月 23 日
因何著名	用计算结果指引了海王星的发现

勒威耶最初跟随伟大的化学家约瑟夫·路易·盖－吕萨克学习，后来转攻天文学，并在巴黎天文台谋得一个职位。根据历史记载来看，勒威耶的人缘并不好，他的一位同事曾经这样评价他："我不确定勒威耶究竟是不是全法国最惹嫌的人，但我十分肯定他是最惹人嫌的。"（注意，此话最刻薄之处在于"人"字——译者注。）以勒威耶如此惨淡的人际关系，我们就不难理解为什么整个巴黎没有一位科学家愿意跟他合作去验证他对海王星位置的理论推算了。这迫使他把自己的推算结果向别的国家公布。

查尔斯·梅西耶
(Messier, Charles)

出生时间	1730 年 6 月 26 日
出生地点	法国，巴顿维尔
逝世时间	1817 年 4 月 12 日
因何著名	编制了深空的非恒星天体目录

梅西耶在法国乡村长大，尽管年幼失怙，但在兄长的照料和帮助下，他还是接受了良好的教育。所以，等到了该独立谋生的年纪，梅西耶已经能在巴黎给海军的首席天文学家当助手了。当时，他的职责包括协助观测，并绘制图表。1758年，是哈雷彗星被哈雷当初预言将会回归的年份，当时众多天文学家争相搜寻彗星的芳踪，梅西耶自然也加入其中，但他总是被望远镜中一些很像彗星却不是彗星的天体所"愚弄"。这一经历最终促使他编出了那份深空云雾状天体目录，这就是后人说的"梅西耶天体目录"。

伊萨克·牛顿 (Newton, Isaac)

出生时间	1642 年 12 月 25 日 （按新历算则为 1643 年 1 月 4 日）
出生地点	英格兰，林肯郡，乌尔索普
逝世时间	1727 年 3 月 20 日（3 月 31 日）
因何著名	发现万有引力定律

先不提他在光学上和数学上的成就，单是他发现的关于运动和重力的定律，就奠定了现代物理学的基石。直到 1969 年人类登上月球乃至如今，人类的物理知识都是沿着牛顿的定律而一脉相承的。由于从小失去父亲，又被母亲冷落，牛顿的性格内向、自私，而且喜欢报复。那个著名的苹果落地的故事，据说发生在他为躲避横扫各城市的大瘟疫而从大学回到乡下家里居住的时候。他猜疑心重，不爱公布自己的新发现，他的很多成就都拖了几十年才发表。

托勒密 (Ptolemy)

出生时间	约公元 100 年
出生地点	埃及（不确定）
逝世时间	约公元 170 年
因何著名	编制《天文大成》星表

克劳迪乌斯·托勒密是罗马公民，但他用希腊文写作——在罗马时期，希腊文可是学识和品位的象征。富有讽刺意味的是，罗马帝国完蛋之后，学术界却以罗马帝国通用的拉丁文作为学识和品位的象征。他显然并不是统治者，但是因为埃及的这座亚历山大城有过很多位法老都叫"托勒密"，所以他的名字有时容易和统治者弄混。为了区别，人们有时也称他为"博学者托勒密"。尽管他多年居住在尼罗河口的这座城市，但有些学者倾向于认为他是尼罗河上游，即埃及南部来的人。顺便一提，当时埃及的地图也是"上南下北"的。

奥莱·罗默 (Romer, Ole)

出生时间	1644 年 9 月 25 日
出生地点	丹麦，加特兰，奥胡斯
逝世时间	1710 年 9 月 23 日
因何著名	率先以天文方式测出光速

他的本名其实叫皮特尔森，但他的家族为了与其他家族区分开来，利用了故乡所在岛屿的名字——Romo，将他改叫 Romer。他在哥本哈根读书时，师从丹麦的杰出科学家巴托林（Rasmus Bartholin），此人天文学功底也很深厚，第谷·布拉赫的很多论文遗稿都是经他编辑之后才出版的。罗默后来去法国当过宫廷教师，又在巴黎天文台工作了一段时间，然后回到家乡。在家乡他从事过许多行业，包括警察局长、丹麦皇家法庭的数学顾问，当然，最重要的还是哥本哈根大学的天文学教授。

卡尔·萨根 (Sagan, Carl)

出生时间	1934 年 11 月 9 日
出生地点	美国，纽约，布鲁克林
逝世时间	1996 年 12 月 20 日
因何著名	宇宙探索的设计师、科学倡导者

萨根是他所生活的时代里最顶级的天文普及者。他有着在高校和 NASA 工作的资历，是电视节目的主持人、大众科学读物作者，以及反对核武器的坚定斗士。他在 1980 年主持的系列节目《宇宙》让天文学和宇宙学的理论熏陶了整整一代人。此后他成为 SETI 工程（即"搜寻地外智慧生命"工程）的鼓动者，并致力于告诫大众如果爆发核战争将产生何等可怕的后果，他创造了"核冬天"这一短语来概括描述核战之后的惨状。

卡尔·史瓦西
(Schwarzschild, Karl)

出生时间	1873 年 10 月 9 日
出生地点	德国，法兰克福
逝世时间	1916 年 5 月 11 日
因何著名	计算出了黑洞的尺度

史瓦西年少时即卓尔不群，刚刚 16 岁就发表了一篇关于天体运动机制的论文。23 岁时，他因在高维度几何学方面的研究成果而获得哲学博士学位。正所谓良禽择木，史瓦西在维也纳天文台"蜻蜓点水"之后，就转任哥廷根天文台的台长，这也是当年数学王子高斯担任过的职位。1915 年，史瓦西到俄国前线参战，在那里他利用业余时间做出了使他至今仍被我们铭记的成果。不过，他的免疫系统疾病也在这次战争中恶化，最终导致他英年早逝。

克莱德·汤博
(Tombaugh, Clyde)

出生时间	1906 年 2 月 4 日
出生地点	美国，伊利诺伊州，斯特里特
逝世时间	1997 年 1 月 17 日
因何著名	发现冥王星

汤博生于农家，拮据的家境令他读不起大学。但年轻的汤博依靠自己的设计和研磨，制造出了属于自己的望远镜。在他把自己作品的图样寄给洛威尔的天文台后，他得到了洛威尔和科学家们的青睐，在天文台得到了观测员的职位。在那里，他不仅发现了冥王星，还发现了多颗小行星。在第二次世界大战期间，他在一所海军院校里执教航行学。20 世纪 50 年代，他主要担任火箭工程的指导专家，最后在新墨西哥州立大学以天文学教授的身份退休。

康斯坦丁·齐奥尔科夫斯基
(Tsiolkovsky, Konstantin)

出生时间	1857 年 9 月 5 日（按新历算则为 9 月 17 日）
出生地点	俄罗斯，伊热夫斯科耶
逝世时间	1935 年 9 月 19 日
因何著名	提出用火箭进行太空旅行

他在大约 10 岁时罹患猩红热，导致双耳永久失聪，这使得天生内向的他更加喜欢独处。他依靠从父亲的图书馆里拿来的书，通过在家自学而成才。后来他在莫斯科西南方一个小镇上的学校里担任数学教师，在那里他被看作某种意义上的怪人，因为他经常独自一人沉思很久。令他痴迷的正是关于太空飞行器的构想，他还设计出了一种能把人送到绕地球飞行的平台上的太空穿梭机。

弗里茨·兹威基
(Zwicky, Fritz)

出生时间	1898 年 2 月 14 日
出生地点	保加利亚，瓦尔纳
逝世时间	1974 年 2 月 8 日
因何著名	发现暗物质并提出超新星概念

他是瑞士和捷克的混血儿，但出生于保加利亚，在美国的加州度过了生命中的大部分时光。他的岳父是一位富有的参议员，于是他妻子的财产足以保障加州理工学院设在帕洛玛山上的天文台运转无虞，也让他于 20 世纪 30 年代在那里建起了首批施密特式望远镜之一，用于大视场巡天工作。这个巡天计划有个重要目标，那就是主动搜寻超新星。在天文学之外，他还参与了早期的喷气发动机和火箭的研制工作。据说他为此做了一系列实验，其中有个实验（意外地）把一个金属弹丸送进了绕太阳运转的轨道。